JN300325

やさしい化学30講シリーズ 2

酸化と還元30講

山崎 昶 [著]

朝倉書店

はじめに：ものが燃えることから

　われわれ人間は，北京原人の昔（最近の年代測定のデータからすると 78 万年以前だそうです）から火を利用していたことがわかっています．もちろんそれ以前にもアフリカあたりの原人による火の利用があったという報告はありますが，その証拠とされる遺物が，ほかの原因による偶然の産物と区別することが，いまのところまだ確実にはできないのだということです．野生の動物は例外なく火を恐れますから，その昔のわれわれのご先祖様たちが，この強力な道具を使って，照明，暖房，調理，そのほか，最近までの貴重なエネルギーの源として，大きくこの「燃焼」という現象に頼り切ってきました．ワットの蒸気機関も，スティーヴンソンの機関車も，考えてみればこの活用の範囲が広がったものだということができます．

　現代風に考えると，この「燃焼」という現象は，薪や炭，石油などの燃料の中の有機化合物が空気中の酸素と化合して，二酸化炭素と水を生成する反応なのですが，これは広い意味での「酸化反応」のごく一部（もちろん重要性はきわめて大きい）なのです．たとえば，すべての動物は生存のために食物を摂取して，二酸化炭素と水を排泄している，いわゆる「代謝」を行っているわけですが，これも今の「燃焼」と同じように扱えることが確立されたのは今から二百数十年の昔，フランスのラヴォアジェによってでした．また，いろいろな金属も空気中で加熱するとカルクス（金属灰）と呼ばれる別のものとなりますし，鉄などは錆を生じます．これも同じように空気中の酸素との反応であることもわかってきました．

　一方では，古代以来信じられてきた「水」が元素であるという考えが，イギリスのキャヴェンディッシュによって打ち破られ，「水素」こそが元素であるということが判明すると，ここでようやく現代風の酸化・還元反応についての整理を可能とする筋道が立てられたということになります．つまり，水素と酸素とが反応して水が生じるわけですが，この場合，水素は酸化され，酸素は還元された結

果水ができたことになります．つまり，「酸化」と「還元」はつねに一対のものであり，かつ化学反応の重要な核心をなしていること，またこの世にあるあらゆるものの挙動を，あからさまに目に見える形ではないにせよ，大きく左右しているものであることがおわかりいただけるだろうと思います．

化学者が自由自在に使用できるエネルギーの種類も次第に増え，以前の錬金術や煉丹術の時代では考えられもしなかった実験手法も導入されてきたわけですが，この「酸化・還元」という重要な概念を骨格とすることで，それまでの一見繁雑きわまりないいろいろな物質の挙動や性質も解明できるようになり，また，たとえ実験してみなくともかなりの部分が予測・予見可能となってきたのです．

最近のテキスト類や参考書などでは，現時点における「最新」の理論や解説だけで手一杯，どうしてこんな風になってきたのかという由来や先人の苦心などがほとんど触れられていないものがほとんどです．そのためもあってか，「こんな新しいことを考えついたよ！」という若い方々の着想も，実は何十年も昔にとっくに検討済みで，やってもエネルギーと頭脳の無駄遣いでしかないということだってあるのです．つまり，どうして失敗に終わったのかという検討が，最新事物の紹介の蔭に追いやられてしまい，肝心なところが隠されたままで「わかったつもり」にさせられてしまった結果です．「昨今の政治家たちが，明治の元勲などにくらべるといかにも見劣りがするのは，選挙対策のせいか一見目新しいことばかりを追いすぎて，大事な『過去の失敗事例の検討』があまりにも不足しているからだ！」と喝破された大先生も居られました．

東洋史学の大権威であった京都大学の故宮崎市定先生が，以前にどこかに書いておられましたが，長野県あたりのさる田舎で，代々農業にいそしんでおられる傍ら，数学を趣味として永年続けておられた篤志家がいらしたそうです．あるとき「世紀の大発見をした！」と狂喜して以前の恩師の所へ駆け込んだので，どんな重要なことかと話を聞いてみたら，何と「二次方程式の根の求め方」であったというエピソードがあったそうです．ちょっとかわいそうにも思えますが，やはり人類の歴史の中で先人がいろいろと試行錯誤を重ねて苦労した結果が今日のわれわれの生活や学問の基盤となっているのですし，人生は有限なので，脇道のとんでもない落とし穴にはまって失敗を重ねるヒマがあったら，むしろ初めから危険を上手に回避して，少しでも先に進めるように努めるのが，われわれ現代人の

つとめでもありましょう．そんなことも考えて，いきなり結論だけの羅列だけという現代風のやり方より，多少の寄り道も含めて，過去の実例やエピソードを交えながら解説してみたいと考えて，「やさしい化学30講」の一冊としてこの本を作ってみました．

　企画から完成に至るまでさまざまなご苦労をおかけした朝倉書店編集部のご担当の方々に末筆ながら深甚の謝意を表したいと存じます．

　2012年7月　八王子にて

山　崎　　昶

目次

第1講　「酸化」と「還元」のそもそも……………1
　　　Tea Time：酸化炎と還元炎　5
第2講　よく似た用語「酸性化」「酸素化」…………6
　　　Tea Time：ケミカルカイロ：表面積と酸化の速さ　9
第3講　酸化と還元の意味の拡張：電子のやりとり……11
　　　Tea Time：「イオン化傾向」の誤解　15
第4講　酸化分解処理と酸化還元滴定………………16
　　　Tea Time：王水の溶解力　19
第5講　酸化数による表現………………………20
　　　Tea Time：釉薬の色　23
第6講　化学方程式をつかうと……………………24
　　　Tea Time：酸素の陽イオンと希ガスの化合物　27
第7講　身近にあるいろいろな酸化剤………………29
　　　Tea Time：ジャヴェル水　35
第8講　身近にあるいろいろな還元剤………………37
　　　Tea Time：電気を使わずに金属ナトリウムを作る　41
第9講　酸化剤や還元剤の強さ……………………43
　　　Tea Time：塩鉄税　46
第10講　酸化還元電位　酸化剤・還元剤の強さの目安…48
　　　Tea Time：標準電極電位の求め方　50
第11講　ラティマー図とエプスワース図
　　　（フロストダイアグラム）……………………51
　　　Tea Time：不均化反応の実例　54
第12講　電位-pH図（プールベイ図）と
　　　エリンガムダイアグラム……………………55

　　　　　　　　Tea Time：酸素不足の水系：黒海　*60*

第 13 講　酸化還元電位を測るには……………………………62
　　　　　　　　Tea Time：マジックボトルと交通信号フラスコ　*66*

第 14 講　電池と電気分解：化学エネルギーと
　　　　　電気エネルギー………………………………………67
　　　　　　　　Tea Time：宇宙ステーションでの酸素補給　*69*

第 15 講　ファラデーの法則……………………………………70
　　　　　　　　Tea Time：電気化学当量　*72*

第 16 講　電解製造・電解精錬…………………………………73
　　　　　　　　Tea Time：ホール・エルー法　*75*

第 17 講　表面処理，不動態(不働態)…………………………77
　　　　　　　　Tea Time：持ち込み禁止物品　*79*

第 18 講　漂白・脱色・発色・染着……………………………80
　　　　　　　　Tea Time：紺屋高尾　*82*

第 19 講　有機化学での酸化還元 その1：酸化反応……84
　　　　　　　　Tea Time：銀鏡反応　*91*

第 20 講　有機化学での酸化還元 その2：水素添加，
　　　　　脱酸素反応……………………………………………92
　　　　　　　　Tea Time：トランス脂肪酸と水素添加　*95*

第 21 講　有機化学での酸化還元 その3：水素貯蔵……96
　　　　　　　　Tea Time：メタン菌の新しい活用：炭素の
　　　　　　　　リサイクル　*97*

第 22 講　生化学的反応，代謝，酸化的リン酸化………99
　　　　　　　　Tea Time：B-Z 反応　*101*

第 23 講　衛生と医療…………………………………………103
　　　　　　　　Tea Time：先駆者ゼンメルワイスの悲劇　*105*
　　　　　　　　　　　　　自分の体を実験台に　*106*

第 24 講　化粧・美容と酸化還元……………………………108
　　　　　　　　Tea Time：ワッケンローデル液と洗い粉　*112*
　　　　　　　　　　　　　ウサギの目　*113*

目　　次　　vii

- 第 25 講　環境中での酸化還元 …………………………… 114
  - Tea Time：バイオスフェア 2　*116*
- 第 26 講　地質時代と酸化還元反応 その 1 ……………… 118
  - Tea Time：宇宙における酸化還元系　*120*
- 第 27 講　地質時代と酸化還元反応 その 2：古気候学 ‥ 122
  - Tea Time：17 億年前の原子炉　*126*
- 第 28 講　工業界での酸素と水素の需要 ………………… 127
  - Tea Time：水素爆弾と水素ボンベ　*129*
  - 　　　　　飛行機での酸素マスク　*129*
- 第 29 講　活性酸素といろいろな高エネルギー酸化物 ‥ 131
  - Tea Time：超酸化物の調製　*133*
- 第 30 講　深海熱水噴出孔 ………………………………… 134
  - Tea Time：都市鉱山　*136*

付　　　録 ……………………………………………………… 137
- 簡単な化学熱力学　*137*
- 化学平衡定数と熱力学　*142*
- 簡単な対数計算の実例　*143*

巻 末 資 料 ……………………………………………………… 146
- 標準電極電位の表　*146*
- 指示薬のリスト　*147*

索　　　引 ……………………………………………………… 149

第1講

「酸化」と「還元」のそもそも

　有史以前から人類の利用してきた「燃焼」，つまり「ものを燃やす」ことも，用途によっていろいろと使い分けがされてきたのです．このあたりは現代の「理科」の方ではとかくないがしろにされているのですが，夜の灯り（照明），暖をとるための熱源，食物の調理，農地耕作のための焼畑，さては神事や仏事，祭礼などの儀式など，同じように火を燃やすにしても，燃料の吟味や区別，燃やし方などには，それぞれに口伝（現代風には「ノウハウ」かもしれません）がありました．石器の加工や土器，陶磁器の生産などにも，かなりまとまった規模での燃焼技術の利用と伝承があったのです．さらに鉄砲や大砲などの火器が導入されると，火薬や爆薬などのようにもっと短時間で激しく燃焼が起きる物質も要求されるようになりました．

　ところがこの「燃焼」つまり「ものが燃える」という現象や，さらにはものを燃やすときに伴って起こるいろいろな現象について，無理ない説明がきちんとつくまでにはずいぶん長い時間が必要でありました．もちろん上にも述べたように，ヒトそれぞれの経験としていろいろな情報やデータが何代にもわたって蓄積されてきて，それなりに理解しようと試みた先人の数は決して少ないものではありません．

　その中でも，ある種の石を焚き火の中に放り込んだとき，それが炎の中で融け出して，輝きのある金属を生じるものがあるということは，いち早く気づかれていました．つまり「有用な金属の発見」ということになります．これは現代風に見ると化合物の形で得られた物質（鉱石）から，熱と炭素（または一酸化炭素）などの作用で金属が生じたことになるわけで，つまり「鉱石を構成しているそもそもの元」にかえした（還した）ことになるでしょう．つまり「還元操作」を行っていたことになります．

「還元」という言葉は，漢文の訓読通りに読むならば「元ニ還ス」となりますが，この「元」は，もともとは道教の経典にあった「元質」を指していました．中でも不老不死の妙薬を作ろうとする「煉丹術」では，「丹」（今日風に言うならば赤色硫化水銀）を熱処理して金属水銀とし，これから再び鮮やかな紅色の「丹」を調製する操作を「還丹」，または「還元」と言ったのがそもそもの使われ方だという話です．何度もこの操作を繰り返すことで，純度の高い「丹」が得られるというのです．

　水銀を表す漢字は「汞」で，現在の漢字の周期表（台湾でも中国本土でも，東南アジアの華僑圏でも同じように使われているもので，元素は全部漢字一字で表記されています）でも歴史のあるこの字が用いられていますが，これはもともと「工」（たくみ，つまり人の手による技術）と「水」（この場合は液体を意味します）の合字として作られたと言われます．言ってみればこれこそ近代的な「化学」（および「科学」）のシンボルとしてまことにふさわしい字であると言えるかも知れません．

　これに比べると，対になる「酸化」の方は，酸素が18世紀になって発見されてから作られた言葉ですから，ずっと新顔だということになります．

　歴史時代を区分するのによく「黄金の時代」「白銀の時代」「青銅の時代」「英雄の時代（鉄の時代）」というような表現が用いられます．これは化学の面から見ると，金属になりやすい元素（つまり天然にも遊離状態で産出しやすい元素）の順番でもあります．金などは今でも砂金として産出することが珍しくありませんし，自然銀や自然銅も天然に存在しますし，その量も金よりは豊富です．

　（現在ではどちらも硫化物鉱石を原料として「還元反応」によって製造することになっていますが，これは精錬コストのためです）．

　鉄の還元は銀や銅などに比べるともっと大変で，その昔のヒッタイト（ハッティ）文明（紀元前15〜12世紀）が強勢を誇り，エジプトやメソポタミアを席捲してしまったのも，当時世界のどこでもできなかった鉄鉱石からの鉄の製造が可能で，かつその成分をコントロールして強靭な鉄や鋼を武器として調製できるという，当時の人にとっては一種の「魔法」みたいなものに思われただろうと思います．ヒッタイトの製鉄の遺跡は，その昔の小アジア（今のトルコ）の中心部にある「アラジャホユック」という場所が一番古いものらしく，中近東文化センタ

ーの大村幸弘先生が，『鉄を生みだした帝国』（NHKブックス，1981年）などに発掘記を書いておいでですが，当初はまだ空気を大量に送るための鞴（ふいご）というものが知られていなかったので，狭い谷間に強い季節風（地中海版の空っ風みたいな）の吹き込むシーズンを狙って，高温となる加熱炉を建設し，これで鉄鉱石の炭素による還元を行っていたらしいということです（なお，最近の発掘では，さらに何百年も古い鉄器の生産場所が発見されたということですが）．

　まあ，あんまり昔のことばかり書いていても混乱を招くだけかも知れませんので，現代のわれわれに必要となる最小限の所から始めることにしましょう．この意味ではやはり18世紀の末頃から話を始めることになります．当時はさまざまな新しい気体を作ったり，その性質（主に生理作用）を調べたりすることが化学者（および医師や薬剤師）たちの間での流行でありました．スウェーデンのシェーレやイギリスのプリーストリーによって，ほかの物質を燃やす時に空気よりもずっと激しく燃やすことができる新しい気体が発見されたのですが，これがいろいろな金属や非金属と化合すること，なかでも非金属元素である硫黄や窒素，リンなどと化合したものは例外なく酸としての性質を示すことに気づいたフランスのラヴォアジェ（A. L. Lavoisier, 1743-1794）が，これに「oxygéne」つまり酸の源と命名したことに始まります．これはギリシャ語由来の言葉でした．日本語では「酸素」となったのですが，これは我が国最初の化学のテキストを，オランダ語のテキストから翻訳した，津山藩の御典医の宇田川榕庵が，原文から意味を取って漢字に直したものです．

　なおこのオランダ語のテキストは，最初は1812年にイギリスのウィリアム・ヘンリー（気体の溶解度の法則で今日にも名を残しています）の著書のドイツ語訳から，さらにオランダ語に訳されたものでした．この「酸素」はドイツ語では「Sauerstoff」オランダ語では「zuurstof」というのですが，どちらも「酸の素（源）」という意味です．

　酸素と化合する反応が「酸化反応」で，生じるものは「酸化物」ということになりますが，このような用語のシステムを整理したのもラヴォアジェでした．これとは逆に，化合物（酸化物）から酸素を奪うことで，もとの金属が得られるのが「還元反応」で，その結果得られるものは金属の単体というようにうまく整理されたのです．これは18世紀の末頃のことでありました．やがて金属元素以外

にもこの概念が拡張されたのですが，これが一対であることを示したのもラヴォアジェで，彼は閉じた空間内で水銀を加熱したときに，銀色の表面に赤色の固体（「水銀灰」と呼ばれたものです．別名を赤降汞とも言いました）が生じることと，この水銀灰をもっと高温に加熱すると分解して新しい気体が得られる（実はこれはプリーストリーが最初に酸素を作った実験手法でした）ことを確かめました．さらにこの反応の前後で質量の変化がないことをも確認したのです．それ以前の多くの化学者（世間からは詐欺師同然の「錬金術師」と同一視されていたのですが）の得た結果やその報告などでは，まだわけのわからないとされていた（実際にも解釈できなかったのですが）事象の大部分がこの「酸化」「還元」という用語を用いることで巧みに整理されたのです．

　ラヴォアジェがこのようにして「酸素」が水銀灰（赤降汞）の成分であること，そしてこの新規な気体（実はシェーレもプリーストリーもこの気体が新発見の元素であるとは考えてもいなかったのですが）が，重要な元素であるとしたことから，現代の化学（科学も）が始まったという主張をされる大先生方の数は現在でも決して少なくはありません．

　それまでは「ものが燃える」という現象は，可燃性の物質の中にもともと「フロギストン」（燃素）が存在していて，これが燃焼時に大気中に逃げて行くことで燃焼が起きるのだという説明がなされていました．硫黄やリンや炭素などが燃えると，どんどん質量が減少して，あとに不純物に由来する灰が残るだけですが，これは元の物質に含まれていたフロギストンが揮散したからだということになるのです．閉じた空間で可燃性の物質を燃やすと，ある限度以上は燃えなくなってしまいますが，これはこの上の空間がフロギストンでいっぱいになってしまうからだと説明していたのです．

　これはこれなりにつじつまが合うので，魅力ある学説として一世を風靡しました．ただ，研究が進んでくると，この学説ではどうしても上手く行かない実験結果が出現したのです．金属の中にも空気中で燃えるものがありますが，これらが燃えたあとにのこるもの（カルクス，金属灰）は非金属の場合と違ってもとより重くなってしまうのです．これだと，フロギストンはマイナスの質量を持つことになります．これは一方では大きな矛盾でもあるわけで，ラヴォアジェが燃焼が「酸素との反応」だと初めて指摘したときにようやくこの矛盾が解消されました．

═══ Tea Time ═══

酸化炎と還元炎

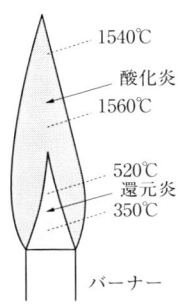

図1 バーナーの炎（酸化炎と還元炎）

　お馴染みのブンゼンバーナーの炎は，きちんと空気が供給されていると，図1に示したように内炎と外炎にわかれています．内炎の方が少し明るく，外炎の方が色が薄くなっています．外炎の方では酸素が十分に供給されていますので，燃料ガスと酸素との接触が十分に行われ，もっとも高温の部分になっています．この部分が「酸化炎」と呼ばれるのは，十分な高温と酸素の供給があるから，ここにほかの物質を挿入すると迅速に酸化反応が進行するからです．これに比べると内炎では，燃料ガスは十分にありますが，外炎ほどには酸素が供給されていないので，燃焼反応の進行もやや遅く，温度もそれほど上がっていません．酸素が不足しているので，ここへ酸化物試料を挿入した場合には，酸素が奪われるので還元反応が起きやすくなります．

　ローソクの炎では，ブンゼンバーナーの火よりも明るい輝きが見られますが，これは外炎の中には高温の炭素の微粒子が生じ，これが可視部にも輝きを持つので明るくなるのです．このような炎に冷たいもの（磁器など）を当てると黒い煤（つまり炭素粉末）が析出することからもわかります．

　ガスレンジの炎は青いですが，これはバーナーへ導くよりもずっと前の段階で十分な量の空気を混合して燃焼させているためで，つまり全部が外炎であるような燃え方をする（その方が熱効率がよい）ためです．

第2講

よく似た用語「酸性化」,「酸素化」

　これらの言葉は，別にそそっかしくない方々でも，この本で主題とする「酸化と還元」の「酸化」の方と間違えて理解されている向きは結構多いようです．特に環境や土壌関連の方面ではどちらもよく出現する言葉なので，これを間違えると時には重大な結果となりかねないのですが，違いをきちんと説明してある入門書というものはあまりないようです．もちろんこれらの言葉は相互に多少の関連がないわけでもないのですが，意味するところは大きく違うので，ここではっきりさせておきましょう．

　土壌や排水など環境部門で問題になるのはまずは「酸性化」のほうです．たとえばホウレンソウ（菠薐草）などを栽培するとき，「酸性化対策」として，耕土に消石灰（主成分は水酸化カルシウム）を肥料とともに撒布するようにという指示があるのが普通です．これはホウレンソウの生育には土壌の酸性度（pH）が大きく影響し，低いpH条件になると育ちが悪くなって収穫量が激減してしまうためなのです．葉菜類の作付けに際してはよく硫安（硫酸アンモニウム）などを施肥します．アンモニア分は植物の育つための栄養分としてどんどん消費されますが，硫酸分はそれほど沢山は必要とされないのであとに残り，その結果として土壌のpHは低下します．これが土壌の「酸性化」の一つの原因でもあるのです．あまり酸性化が進むと，ついにどんな植物も生育できなくなってしまいます．火山の噴火口近くなどは，日常的に酸性の気体（二酸化硫黄など）にさらされているわけで，降水があれば大量の酸が土の表面に注がれますから，まさにこの「酸性化」の進んだ極限みたいな場所となり，「一木一草も見ることができない」などと紀行文に書かれるような状態になるわけです．

　もちろんアルカリ性化も植物にとっては有害でありますが，これが問題になるのは沙漠（塩類沙漠）地帯に限られます．（この頃の環境分野などでは以前の文

部省指定の学術用語である「砂漠」よりもこの「沙漠」の方を使う傾向があるのは，地表が砂で覆われていない「沙漠」，つまり岩石沙漠や塩類沙漠などがずっと重要な問題であるからなのだそうです．塩類沙漠は内蒙古やアメリカ中西部（コナン・ドイルの『緋色の研究』の舞台として有名ですが）などの広い範囲にひろがって分布しています．本書でもこれに従うこととします．）

　内蒙古の塩類沙漠の中には多数の鹹湖(かんこ)がありますが，ここで採取した塩類（主成分は炭酸ナトリウム）を溶かした水（梘水(かんすい)）を使って，華北名産の小麦の粉を練って製造したのが本来の中華麺なのだそうです．でも，日本のように高湿度の土地柄では，大気中の二酸化炭素が溶け込んだ雨水によって，このように地表に析出したアルカリ性の塩類はみな中和されてしまいますから，「土壌のアルカリ性化」が問題となることは希です．横浜の中華街や神戸の南京町あたりの料理店の宣伝文句に「本場物の梘水を使って調製した中華麺」を売り物にしている所があったりしますが，こればかりは日本ではとれないからです．

　もう一つの比較的よく目にする「酸性化」は紙についてのものです．十数年以前から，いわゆる「酸性紙問題」があちこちで取り上げられるようになりました．我が国には法隆寺の百万塔陀羅尼や正倉院文書のように一千有余年以前の紙が保存されていますし，敦煌の寺院跡などではもっと古く紀元前のもの（つまり蔡倫以前）の紙が発見されていて，紙はずいぶん長期間にわたって丈夫に保存できそうに思われていますが，これは昔風の製法で作った紙（和紙や唐紙）だけなのです．近代の製紙（西洋紙）は磨砕した木材パルプを原料として，アルミニウム塩などをサイジング剤として製造しているのですが，この時に硫酸アルミニウムや明礬などを使用した場合，長期間保存すると，このアルミニウムイオンとセルロースの水酸基が反応して錯形成した結果，水素イオンが放出されるのです．考えようによってはアルミン酸とセルロースのエステル化だとも言えます．この結果生じた水素イオンは，普通には中和してくれるアルカリが存在しないので，強い酸として作用し，やがて紙の本体を壊してしまいます．このサイジング剤として酢酸アルミニウムを使ったものが「中性紙」と呼ばれ，以前から辞書などの用紙に用いられてきましたが，こちらは同じようにアルミニウムとセルロースの反応で水素イオンができても，残っている酢酸のイオンがこれを捕まえてくれますので，あまり目立った酸性化は起きないのです（硫酸のイオンと酢酸のイオン

を比べると，遊離してくる水素イオンを捕まえる能力（これが「塩基性」なのですが）は酢酸イオンの方が段違いに強力なのです）．

　この対策にはいろいろな方法があるのですが，アンモニアガスで燻蒸したり，水酸化バリウムのメタノール溶液や，炭酸水素マグネシウム水溶液を噴霧したりする（もちろんこれらの場合には，水やメタノールでインキなどが溶け出さないことを確認した上でなくてはできません）方法のほか，ブックキーパー法という微粒子化した酸化マグネシウムの揮発性有機溶媒懸濁液をスプレーして中和を行わせる方法など，それぞれの対象ごとに最適なものが選ばれています．

　なお，「明礬などの加水分解のせいで酸性化が起こる」と書いてある新聞記事や解説書がずいぶんたくさんあるのですが，これは半世紀以上昔の初等化学のテキストにあった間違いを引きずっているからです．アルミニウムとセルロースの反応は実は脱水反応で，加水分解とは逆ですから明白なマチガイなのですが，なかなか訂正されません．

　よく似た言葉のもう一つである「酸素化」は，分野によって使われ方に違いがあるようですが，多くは液体（水溶液）に空気や酸素のガスをバブル状にして吹き込むことを意味します．養魚池などでは，沢山の魚が飼われているわけですが，夏季など水温が上がると，水中の溶存酸素の濃度が低下して，魚がアップアップするようになることがあります．天然の河川や池ならば，魚は酸素の豊富な場所を求めて移動できるのですが，養魚池や生け簀だと，折角養殖している魚が逃げ出すようでは元も子もありませんし，酸素が不足して大量死なんてことになったら大損害です．ですから水温が上昇する気配があると，水面を強制的にかき回して水中に酸素を補給する必要があるわけで，浜名湖周辺あたりでよく見掛けるウナギの養殖用の池（養鰻池）でよく小さな水車が盛んに回っているのは，この水への酸素補給のため，つまり「酸素化」用に動いているのです．時と場合によってはコンプレッサーを使って空気を吹き込んだりすることもあります．熱帯魚水槽などでも小さなモーター駆動のポンプによって水中に空気を吹き込むようになっています．このような分野では「酸素化」はそれこそ飼育動物の生命にかかわる大事なことです．

　生理学の方では「ヘモグロビンの酸素化」が大事です．ヘモグロビンは赤血球中に含まれている色素タンパク質で，1分子の中に4単位のヘムと呼ばれる鉄を

含む色素を保持しています．肺胞に心臓から静脈血が送られてくると，表面から拡散して血液中に入った空気中の酸素と反応して，鮮やかな赤色の動脈血となるのですが，このプロセスをよく「酸素化」と呼んでいます．このときにはヘムの中心にある鉄の原子に酸素分子が付加（難しい言葉では「配位」といいますが）するのでして，後で触れるような電子の授受（これなら「酸化還元」となります）が起きるわけではありません．動脈血が体内のさまざまな器官や部位に運ばれて酸素を放出できるのも，このように酸素分子が緩やかにヘモグロビンに付加しているからなのです．

同じように混同の起きやすい用語に「脱酸剤」と「脱酸素剤」とがあります．製鋼業などで使われる「脱酸剤」は，融解した鉄の中に含まれている酸素分を除去するための添加物で，ケイ素やアルミニウムなどが（合金の形で）使われています．つまりこれは「溶解している酸素を除く」ためのものでして，酸を除去するための添加物ではありません．ところが，図書館などで問題になっている紙の酸性化現象の対策として用いられる「脱酸剤」はこれとは違って，本当に中和によって遊離した酸分を除くためのものです．前記のようにアンモニアなどの気体や，酸化マグネシウム微粉末など塩基性の試薬が用いられています．

これに対して「脱酸素剤」は，「エージレス」などの商品名で販売されていますが，これは封入包装などで気密に閉じた空間の中での酸素を消費して，内容物の鮮度を保持するためのものです．この場合にも分野によって（流通業界など）は短く詰めて「脱酸剤」と呼んだりします．この種の「業界用語（ジャルゴン）」については，それぞれの分野の基礎知識がないと混乱のタネとなりやすいですから，あまり知ったかぶりで使うと身の危険を伴うかも知れません．

======================== Tea Time ========================

ケミカルカイロ：表面積と酸化の速さ

鉄の塊は空気中に放置してもゆっくりと錆びるだけです．ステンレス鋼などはこの反応が極度に遅くなっているためにいつまでも輝きを失わないのですが，これを粉砕して微粉末状にしますと，空気中の酸素との反応は加速されるようになります．鉄でなくとも金属の微粉末は反応性が大きくなっているので，空気中での粉砕には注意が必要なも

のが少なくありません．何十年も前のことですが，東海村の原子力研究所で，金属ウランの塊を切断中に冷却水がとまってしまい，切断クズが発火して（もちろんすぐに消し止められましたが），新聞が「キケンだ！」とかなりオーバーに書き立てたこともありました．

鉄の粉末の酸化反応を活用しているのは，「ホカロン」とか「ホッカイロ」などいろいろな商品名で販売されている使い捨ての「ケミカルカイロ」です．これは気密にしてある封を破ると，大気中の酸素と金属鉄の粉末が反応して酸化鉄が生成するので，その際の反応熱を利用したものです．メーカーごとにいろいろと添加物を工夫して，温度の上昇速度や持続時間などが使い勝手のよくなるようになっています．

もちろんこれも，大気，つまり酸素濃度が約20％の条件でゆっくりと反応が進むように工夫されているのですが，これをウッカリ純酸素の中で開封しますと，急速に反応が進んで発火する危険性があります．もう何年も前のことですが，脳卒中のリハビリテーションのために高圧酸素ベッドに入って治療を受けていた患者さんが，ふだん愛用していたケミカルカイロを外しておくのを忘れたため，着衣（パジャマ）に火がついて焼け死んでしまったという悲惨な事故があったそうです．酸素濃度が高くなると，酸化反応の速度もどんどん大きくなるためなのです．NHKテレビの教育番組で，スチールウールを酸素雰囲気中で燃やしてみせるデモンストレーションをご覧になった方も居られるかも知れません．

酸素を初めて作ったプリーストリーは，ガラス鐘の中にネズミを入れて，純酸素を満たしておいたところ，空気を入れておいたときよりも長時間にわたって元気を保っていたというので，自分でも純酸素を吸い込んでみたそうです．「ものすごく気分爽快になったのだが，この調子だと動物や人間はこの中では活動が盛んになってかえって長生きできないかも知れない」という記録を残しています．

第 3 講

酸化と還元の意味の拡張：電子のやりとり

　空気の中でものが燃えるのが「酸素」のせいだということがわかると，もちろん純酸素の中でいろいろなものを加熱して酸化物を作ることが試みられるようになりました．いろいろな物質の中には爆発的に反応するものも，穏やかに燃えるものもあります．金属の中には，空気中ではゆっくりと表面に酸化物（つまり「錆（さび）」）が生じる程度なのに，純酸素の中では激しく燃えてしまうものもあることがわかりました．つまり酸化される反応の速度が，条件によって違いがあっても，できるものが同じ（つまり「酸化物」）であることもわかってきたのです．こうして，それまで「土類」とか「カルクス」，「金属灰」，「錆」などと呼ばれていたものが「酸化物」としてまとめて定義されるようになったのです．

　今でも「アルカリ土類金属元素」という名称が教科書などにも残っていますし，レアメタルの中に分類される「希土類元素（レア・アース）」も新聞紙上ですっかりお馴染みになりましたが，これらに使われている「土」（英語なら「earth」）は，今日風に見ると，金属元素の酸化物の中で水に溶けない，あるいはほとんど溶解しないものを意味しています．工業や農業の現場では古い用語が残っていて，今でも「苦土（くど）石灰撒布」とか「排水の礬土（ばんど）処理」なんていう術語が結構頻繁に使われていますが，この「苦土」は酸化マグネシウムのことです．「礬土」は酸化アルミニウムですが，排水処理などで利用されるものは純品ではなく，水分や硫酸分などを余分に含んでいるもののことです．鉱物名はずいぶん昔（明治時代以降）定められたものが今でも正式名称となっているので，「苦土橄欖（かんらん）石」とか「毒重土石」などというようにこの「土」が相変わらず使われています（重土とは酸化バリウムのことです）．

　酸素を本当に最初に発見したとされるスウェーデンのシェーレ（K. W. Scheele, 1742-1786）は，それより前に塩酸と二酸化マンガンの反応で，緑色の

気体である「塩素」を発見していました．これは空気より重い気体なのですが，これをガラスの筒に入れて，中に，前もって加熱した鉄や炭素などを燃焼匙を使って入れて蓋をしますと，空気中と同じように炎を上げて燃えるのです．シェーレはフロギストン理論の信奉者でしたから，この塩素も元素であるとは考えず，「脱燃素海酸」のように呼んでいました．「燃素」は前述のようにフロギストンのことで，「海酸（フランス語で acide muriatique と言いました）」は，今日の塩酸や塩化水素を示す古い言葉です．

　酸素がなくともものを燃焼させることができるのですが，この場合生じる化合物は今日風に考えると「塩化物」ということになります．

　ラヴォアジェが，酸素が元素であることと，その化学的性質を調べてくれたおかげで，それ以前のなかなか解決しにくかった難問題の数多くがようやく解明されたのです．生物の代謝も，同じように摂取した食物の中の有機化合物が酸化されて，二酸化炭素と水となる（この過程で生存に必要なエネルギーを得ているわけですが）ことで，緩慢な燃焼とかわりはないということを証明したのもラヴォアジェでした．これは 18 世紀も最後の頃のことでした．その後まもなく 19 世紀の初め，イギリスのデーヴィー（H. Davy, 1778-1829）が，当時イタリアのヴォルタの手によって発明されたばかりの電池によって直流電気を得，これをいろいろな化合物に通じたときの反応の研究を始めました．その結果の一つに，比較的低温で融解する水酸化カリウムや水酸化ナトリウムに直流電気を通じると，それまでは分解することもできないとされていたこれらの化合物から，金属カリウムや金属ナトリウムなどの反応しやすい金属元素の単体を遊離できたことが挙げられます．これは現代風に考えると，普通なら陽イオンになっているナトリウムやカリウムに，直流電気を作用させて電子を押し込んで単体状態に還してやること（つまり還元）にあたります．もちろんデーヴィーの時代にはまだイオンとか電子というはっきりした便利な概念はまだなかったのですが，この電気エネルギーの化学への応用によって，それまではとても分解困難と考えられていたいろいろな化合物から，金属を還元して得ることが可能となりました．

　よく化学史（科学史）の本などに引用されていますが，人類が知った元素の数を年代に対してプロットしたグラフがあります．新しい分析・確認手段が登場すると，新発見元素の数はシグモイド曲線（S の字を引き延ばしたような形）状に

増大します．この最初の例が「電気分解」なのです．その後「分光分析」，「放射能」，「核反応」など新しい手段の導入の結果としていくつもの曲線の重畳したグラフとなっていますが，それまでの熱エネルギー利用（加熱冷却，つまり煮たり焼いたり蒸留したり）だけの利用とはまったく違った電気エネルギーの導入によって，いくつもの新しい元素が確認，発見されたことはもっと注目されていいのです．

電気の正体は，実はこの時代でもまだはっきりしていませんでした．その昔の静電気の実験では，ガラス棒やエボナイトを布地や毛皮で摩擦して帯電させたりしたとき，それぞれ異なる二種類の電気が生じると考えられていました．アメリカの外交官で科学者でもあったベンジャミン・フランクリン（B. Franklin, 1706-1790）が，実はこれは一種類の電気しかなく，片方は過剰，片方は不足であるのが原因だと喝破して，それまでの説（二流体説）を退けたのですが，この時に彼がプラスとマイナスを任意に決めてしまったのが，実は現在に尾を引いているわけなのです．電流は通常は電子の流れなので，電流の向きは電子の移動方向とは逆となってしまっているのはこの結果であります．

マイナスの電荷を持った微粒子として「電子」なるものが考えられ，これが原子や分子に付加したり取り去られたりすることで電荷を持ったイオンが生じると考えると，付加したものは「陰イオン」，取り去られたものは「陽イオン」ということになりました．ほかから電子を奪うことが可能なものが「酸化剤」，逆に電子を押し込む能力を持っているものが「還元剤」ということになります．このようにすると，もちろん酸素は酸化剤の典型となるわけですが，先ほどの塩素などハロゲンと呼ばれる一群の元素も酸化剤として作用します．また，原子価の大きな（つまり電子が大幅に不足した）状態にある原子は，よそから足りない分の電子を奪い取る能力がありますので，「酸化剤」となり得るわけですし，逆に電子を余分に持っている場合は，「還元剤」として作用できることになります．

化学で通常用いられるブレンステッドの定義による酸と塩基の中で，水素イオン（プロトン）のやりとりを行える一対を「共役酸・共役塩基」と言うように呼ぶことがありますが，同じように電子のやりとりだけ（有機化合物，中でも生物化学の場合には，これに水素原子が関与することが多いので，水素原子の脱離と付加と見なせることが普通ですが）で結ばれる一対の「酸化形」と「還元形」を

考えると便利な場合も少なくありません．たとえばキノン（パラキノン）とヒドロキノンの解離形を考えると，この関係がよくおわかりになると思います．

【構造式】

酸化形（キノン）　　　　＋2e⁻＋2H⁺　還元形（ヒドロキノン）

$$\text{キノン} \rightleftarrows \text{ヒドロキノン} \rightleftarrows \text{ヒドロキノン解離形} + 2H^+$$

こういうわけなので，無機化合物の場合には単純な電子の出入り，つまり酸化数の増減で表示すれば，ほとんどの酸化還元反応を簡単に表現することが可能となります．有機化合物の場合には，酸化数を使うよりも，酸素原子の付加，および水素原子の脱離を酸化とし，逆に酸素原子の脱離，水素原子の付加の方を還元として表現することがむしろ普通です．たとえばアルコール（エチルアルコール）が体内で酸化を受けると

$$C_2H_5OH + (O) \xrightarrow{\text{アルコール脱水素酵素}} CH_3CHO + H_2O$$

$$CH_3CHO + (O) \xrightarrow{\text{アセトアルデヒド酸化酵素}} CH_3COOH$$

$$CH_3COOH + 4(O) \xrightarrow{\text{（TCAサイクル）}} 2CO_2 + 2H_2O$$

のように反応が進行します．このそれぞれの過程で得られるエネルギーが生体内で利用されているのです．なお上の式で（O）のように記したのは，ほかの活性状態にある分子から与えられる酸素（この式の見かけ上は原子状酸素）を表現しています．代謝反応が酸化反応であることは，この三つの化学方程式を全部足し合わせたものが，普通のアルコールの燃焼方程式とそっくりになることからもおわかりいただけるでしょう．

$$C_2H_5OH + 6(O) \rightarrow 2CO_2 + 3H_2O$$

燃焼の場合には酸素分子3個が，反応活性酸素（O）を6個供給していることになります．

=== Tea Time ===

「イオン化傾向」の誤解

　その昔の電子回路の配線は，細い被覆銅線を半田付けして行うのが当たり前でした．やがてコンパクト化が進むと，プリント配線の方が主となりました．絶縁材の基板の上に薄い金属銅の箔を接着し，これに感光性の樹脂などを塗って回路を焼き付けて，不要な部分の銅を酸化して取り除いて完成という手順です．

　この時に銅を除去する試薬として，以前から用いられたのは塩化鉄（$FeCl_3$）の濃厚水溶液でした（今では塩酸と過酸化水素の混合溶液なども利用されているようです）．ところが「イオン化傾向列だと，銅よりも鉄の方がイオン化しやすいのだから，ここで鉄が銅を酸化するというのはなにかのマチガイである」という論（ヘリクツ？）を述べる方々が少なからず居られたようです．

　巻末にある酸化還元電位の表を参照されればわかるのですが，イオン化傾向の順番（つまりヴォルタ列）は単に金属とそのイオンとの間の電子のやりとりについてなので，今の場合にこれを引っ張り出すのは基本から間違っているのです．

　ここで大事なのは Fe(III)/Fe(II) と Cu(II)/Cu(0) の二つの酸化還元対の比較であって，Fe(II)/Fe(0) と Cu(II)/Cu(0) をくらべる（これがヴォルタ列に相当しますが）こととはまったく別の事柄です．

第 4 講

酸化分解処理と酸化還元滴定

　いろいろな試料を化学分析にかける際には,電子顕微鏡などを使って局所的な存在状態を物理的に調べる場合ももちろんありますが,ある程度の大きさを持ったサンプルを均一な溶液の形とし,これを用いて以後のいろいろな測定を行うことが少なくありません.もともとが均質な組成ではない試料の場合には,全体を溶解させて溶液の形とし,以後の分析操作に対して妨害となるような物質を分解して取り除いたり,あるいはいろいろな化学形で存在している元素を同一の形のイオンにしたりすることが必要となります.この前処理操作の重要性というのは,最近のテキスト類でもとかく簡単に片付けられていますが,実際にはきわめて大事なことがらであります.いったん均質な溶液の形にできれば,あとは多種多様の検出・定量分析にかけることは,不均質な固体試料のままの状態に比べるとずっと容易になります.

　古典的な無機化学分析で,いろいろなイオンの検出・定量を行う際には,有機化合物の存在ははなはだ厄介で,時には妨害となることも少なくありません.このような際には,酸化反応によって全部を二酸化炭素と水とに変えてしまえば,妨害は大幅に減少します.また,鉄鋼などの金属試料中に含まれる不純物や夾雑物の定量分析などの場合には,もともと鉄分が含まれていることはわかっているのでこちらを酸化分解して除き,残ったものを定量分析の対象とすることもよく行われます.

　酸化性のある分解試薬としては,硝酸や熱濃硫酸,硫硝酸混液(昔は aqua reginae,つまり「女王水」とか「妃水」とも呼ばれました.濃硫酸と濃硝酸とを混合したものです.普通は等容の混合液),王水(aqua regia,濃硝酸と濃塩酸(容積比 1:3)の混合液)などがお馴染みのものです.これらはいずれも酸性の酸化分解試薬ですが,塩基性の分解試薬として,過酸化ナトリウム(Na_2O_2)や

次亜塩素酸塩（カルシウム塩やナトリウム塩，カリウム塩など），さらには過炭酸ナトリウムや過ホウ酸ナトリウム（$Na_2B_2O_4$）も対象によって使い分けられています．次亜塩素酸塩や過炭酸塩，過ホウ酸塩などは，洗濯用の漂白剤にも使われていますから，不要な有機物の酸化分解という意味ではもっとも身近な化合物と言えるかも知れません．

　オープンな処理（たとえばビーカーの中など）だとうまく進行しない場合には，密閉できる容器を用いて，内容物の酸化が十分に行えるようにすることもあります．テフロン製のルツボや，パールボンベという鉄鋼製の密閉できる小さな容器などがこのために使われます．それほどの圧力を必要としない場合には，ネジ蓋つきの肉厚のガラス容器が分解に使用されることもあります．

　酸化・還元試薬をまとまって使用する分野の中でも重要なケースとして，分析化学実験で重要な容量分析法の一つで，中和滴定，沈澱滴定に次いで大事なものとして酸化還元滴定法が挙げられます．ほとんどの場合には，酸化剤を滴定液として用いるのですが，これは空気中に酸素が存在しているために，還元剤の滴定液はどうしても不安定で，ビュレットに入れたときに濃度を一定に保つことがきわめて難しいからです．

　酸化剤標準溶液として用いられるものによって「過マンガン酸滴定」「重クロム酸滴定」などのように呼ばれますが，このほかには臭素酸塩やヨウ素酸カリウム，硫酸第二セリウム，クロラミンTなど，比較的純品が得やすくて，溶液が安定に保存できるものが標準溶液として選ばれます．特別な場合にはヨウ素のヨウ化カリウム水溶液や赤血塩（ヘキサシアノ鉄(III)酸カリウム）水溶液などを滴定標準液として使用することもありますが，これは特別な試料を対象とする場合に限られます．このように多種多様のものがあるのは，対象によって酸化還元反応の進み方（反応速度など）や副反応の有無などにかなりの違いがあるため，ふさわしいものを選択する必要があるからなのです．

　金属のアマルガムを用いて，いろいろな酸化状態にある金属イオンを一定の酸化数のものに還元して揃えてしまい，その溶液を過マンガン酸カリウムや硫酸第二セリウムなどで酸化滴定する方法もあり，現在でもよく使われています．亜鉛のアマルガムをガラス管に充填した「ジョーンズ還元器」は中でも簡単に調製でき，取扱いも保守も簡単なので，岩石や鉱物に含まれる鉄やウラン，チタンなど

の分析に以前は欠かせないものでした．カドミウムアマルガムや銀アマルガムを使った同じようなアマルガム還元器も，対象とする金属イオンの選択性がそれぞれに異なるので，場合によってはこちらが選ばれます．

　還元剤を滴定液として用いる例はあまりないのですが，これは大気（20％程の酸素を含んでいます）中でも長時間にわたって濃度を一定に保っておけるような還元剤があまりないことも原因なのです．ずっと昔は塩化チタン(III)や塩化スズ(II)の標準液を使う滴定法がありましたが，特別な器具が必要でもあったのでさすがに過去のものとなってしまいました．現在でもっともポピュラーなものは，やはりチオ硫酸ナトリウムを用いるヨウ素滴定でしょう．ヨウ素滴定法といっても，実際にはヨウ素の標準溶液をビュレットに入れて滴定することは少なく，目的とする化学種が，酸化力があってもそれ自体を直接定量することが難しい（たとえば反応速度が遅かったり，副反応が起きたりして，定量的に反応が進まないような場合）ときに，過剰のヨウ化物イオンを添加して酸化させ，その結果遊離してくるヨウ素分（過剰のヨウ化物イオンが存在しているのですから，I_3^- の形となっていますが）を，同じようにチオ硫酸ナトリウム標準溶液で定量する方法がよく使われます．これは言ってみれば酸化剤をヨウ素で置き換えたことになるわけですが，当量数には変化がないわけです．また対象によっては，ヨウ素の標準液を過剰の一定量だけ試料溶液に添加して反応させ，残ったヨウ素の量をチオ硫酸ナトリウムの標準溶液で滴定する方法（逆滴定）もよく用いられます．

　このあたりは，少し以前に刊行された分析化学のテキスト類がすぐれた手引きとなることが多いのです．若手の先生方が執筆された新しいテキスト類は，最近の高級な測定機器を用いる機器分析法のウェイトがいささか大きすぎ，しかも，紙面の制限もあるためなのですが，原理の説明のところで手一杯，あとの実地の細かい操作の意味などがどうしても割愛気味になっている傾向があります．半世紀ぐらい以前の，モノのあまり整っていなかった時代のテキスト類の方が，初めての読者にとってはむしろ有益なところが多々あります．

Tea Time

 **王水の溶解力**

よく「王水は金や白金を溶かすほど強力なのに，ガラス製の容器が溶けないのはなぜなのか」という疑問を抱かれる向きがあります．ヴォルタ列（東京大学の渡辺正先生が常々，「マイナス面のほうが多いからテキストから削除すべきだ」と主張されているいわゆる「イオン化傾向列」の本来の名称です）で水素よりもあとに位置する金属は，水やふつうの酸と接触しても，電子を放出してイオンになることはありません（つまり可溶性の水和した金属イオンができないのです）．

ところが，硝酸のような酸化力のある酸を使うと，銅や銀などは電子を奪われるのでイオン化が起こります．つまり水和した銅や銀のイオンをつくることができます．でも金や白金の場合には，これでもまだ不足なのです．

王水は濃硝酸一容と濃塩酸三容の混合溶液ですが，この中には大量の塩化物イオンと，塩素（Cl_2）と塩化ニトロシル（$NOCl$）が含まれています（塩素はおそらくは Cl_3^- のような形をとっているのが大部分でしょう）．Cl_2 と $NOCl$ はどちらも強力な酸化剤ですが，これで金や白金から電子を奪うことができても，それだけでは溶液にはなりません．ここで必要となるのは高濃度の塩化物イオンによる錯形成なのです．つまり遊離の Au^{3+} や Pt^{4+} がほんのわずかでもできると，大量の塩化物イオンがあるためにどんどん $[AuCl_4]^-$ や $[PtCl_6]^{2-}$ になって取り除かれてしまい，平衡が移動して溶液ができることになります．このときの溶液の中には遊離の Au^{3+} や Pt^{4+} が溶けているわけではありません．

ところでガラスの成分元素はケイ素やアルミニウム，ホウ素やカリウムなどですが，いずれもそれぞれの元素の最高の酸化数になっていますから，これに酸化性の試薬を触れさせてもそれ以上反応することはできないのです．

第 5 講

酸化数による表現

　いろいろな元素の存在状態を示すために，中性原子の状態にくらべてどのぐらいの数の電子が過剰になっているか，あるいは不足しているかを簡単に表現できる方法があると便利です．このためには「酸化数」という概念を利用すると簡単に表現できるのです．酸化数とは，1938年にアメリカのウェンデル・ラティマーが提案したのですが，対象とする原子の電子密度が，単体（または遊離原子）であるときと比較して，どの程度過不足があるかを知る目安の値なのです．いろいろな定義の仕方があるのですが，ここではわかりやすい表現として，オハイオ州立大学のウーレット（R. J. Ouelette）教授が，定評あるテキスト"Understanding Chemistry"（Harper & Row. 邦訳は『化学——その基礎へのアプローチ』，岩本振武・山崎 昶訳，東京化学同人，1981年）で採用している酸化数の決め方を紹介しておきましょう．

表1　酸化数の決め方

1. 他の元素と結合していない単体の酸化数はゼロ．
2. イオン性，または共有結合性の化合物中の酸化数の代数的総和はゼロ．
3. 単原子イオンの酸化数はそのイオンの電荷に等しい．
4. 多原子イオンの酸化数の代数和はそのイオンの電荷に等しい．
5. 金属元素は，結合した状態では一般に正の酸化数をとる．
6. 二つの異種原子からできた共有結合性の化合物中の負の酸化数は，電気陰性度の大きい方の原子に割り当てる．
7. ほとんどの水素化合物は酸化数 +1 の水素を含むものとみなすが，極めて活性の強い元素（アルカリ金属元素やアルカリ土類金属元素）と水素の化合物の場合には，酸化数が −1 の水素（水素化物イオン）を含むものと見なせる．
8. ほとんどの酸素の化合物では，酸素の酸化数は −2 である．過酸化物は例外で，酸素の酸化数は −1 である．
9. Cl，Br，および I は，電気陰性度がこれより大きな元素と化合した場合を除き，すべて酸化数 −1 をとる．
10. 硫化物中の硫黄の酸化数は −2 である．

第5講　酸化数による表現

　このようにしますと，ほとんどの化合物に対して，構成原子に一義的に酸化数を割り振ることができます．酸化還元反応では，化学方程式を書くと成分原子数に加えて電子数も両辺で一致していなくてはなりませんが，これをもととすればかなり複雑な酸化還元反応でも簡単に化学方程式を書き下すことができます．

　酸化数を表現するには，＋2，－1のようにアラビア数字を使うユーエンス-バセット（Ewens-Bassett）方式と，ローマ数字（I, II, III など）を使うストック（Stock）方式の二通りのシステムがあり，それぞれに支持者がありますが，ここでは初学者にも誤解の少ないとされるストック方式を使うことにしましょう．ただ，もともとのローマ数字は自然数だけを表現するもので，ゼロも負数もありませんでしたから，これらの場合にはいたしかたないので，Au(O)，Cl(－I)のような表示法をとることにします．それぞれ酸化数ゼロ（単体）の金，酸化数マイナス1の塩素（塩化物イオン）を表しています．

　例として，前にも触れた過マンガン酸カリウムによる硫酸鉄（緑礬）の酸化反応を考えてみましょう．過マンガン酸カリウム（$KMnO_4$）と硫酸鉄（$FeSO_4$，わかりやすく書くならば硫酸鉄(II)です）との反応なので，受験時代に鬼みたいな教師から「試験に出るから絶対暗記するように！」などと言われた方々も少なくないことと思います．

　ですが，ここで実際に酸化還元反応を起こすのはマンガンと鉄だけなので，それぞれの酸化数を考慮して書き下してみます．さきの酸化数の決め方を参照すれば，過マンガン酸カリウムの中のマンガンの酸化数は，4原子の酸素の分（$4×(-2)=-8$）とバランスするためには，カリウムイオンの分（＋1）を差し引いた＋7となるはずです．つまりストック方式を採用するとMn(VII)のように書けます．対する鉄の方はFe(II)です．反応が起きると，還元剤である硫酸鉄の中の鉄は酸化されてFe(III)となり，酸化剤の過マンガン酸カリウムのマンガンは還元されてMn(II)となるので，それぞれについて電子を考慮して書き下してみますと

$$Mn(VII) + 5e^- \rightarrow Mn(II)$$
$$Fe(II) - e^- \rightarrow Fe(III)$$

　2番目の式を5倍して足し合わせてみると，電子の過不足がちょうど相殺されて

$$\mathrm{Mn(VII)} + 5\,\mathrm{Fe(II)} \rightarrow \mathrm{Mn(II)} + 5\,\mathrm{Fe(III)}$$

となります.これが正味の過マンガン酸カリウムによる硫酸鉄(II)の酸化を表現する式です.でももう少しわかりやすく,イオン反応の形で書くと

$$\mathrm{MnO_4^-} + 5\,\mathrm{Fe^{2+}} + 8\,\mathrm{H^+} \rightarrow \mathrm{Mn^{2+}} + 5\,\mathrm{Fe^{3+}} + 4\,\mathrm{H_2O}$$

となります.つまりこの反応を右に進めるには,高濃度の $\mathrm{H^+}$ が存在する必要があることがわかります.イオン式では不便な場合には,それぞれについてきちんとした塩の形に直して書けばいいのですが,カリウムのイオンや硫酸のイオンは今の電子の授受には無関係なので,左右両辺で原子の数が合致していればよろしいのです.この条件で書き直すと

$$\mathrm{KMnO_4} + 5\,\mathrm{FeSO_4} + 4\,\mathrm{H_2SO_4} \rightarrow (1/2)\,\mathrm{K_2SO_4} + \mathrm{MnSO_4} + (5/2)\,\mathrm{Fe_2(SO_4)_3} + 4\,\mathrm{H_2O}$$

両辺を 2 倍すれば,受験時代の暗記対象であった,何とも難しい式が簡単に出てきます.

$$2\,\mathrm{KMnO_4} + 10\,\mathrm{FeSO_4} + 8\,\mathrm{H_2SO_4} \rightarrow \mathrm{K_2SO_4} + 2\,\mathrm{MnSO_4} + 5\,\mathrm{Fe_2(SO_4)_3} + 8\,\mathrm{H_2O}$$

こうしてみると,簡単な酸化還元反応が骨格となって,あとは方程式の左右両辺で原子数が釣り合うように,またイオンよりも化合物の形に書き下ろすようにという必要のためにどんどん繁雑になってきたことがおわかりいただけるだろうと存じます.もっとも実際に試料や標準溶液を調製したりするときには,裸のイオンを秤量することは無理ですから,きちんとした化合物の形で秤量することが不可欠なので,その意味ではこの一見繁雑な式もそれなりの要求に応えたものなのです.

有機化合物も,簡単なものであれば同じように酸化数を割り付けることが可能です.たとえば二酸化炭素($\mathrm{CO_2}$)の中の炭素は C(IV),メタンの中の炭素は C(−IV) のように見なすことができます.メタンを酸素で酸化して二酸化炭素と水にする(つまり普通に天然ガスをエネルギー源として使うときの化学反応に他なりません)は,この場合炭素の酸化数の変化に相当することになります.

もっとも複雑な構造の有機化合物の場合には,簡単に酸化数の割り当てができないことの方がむしろ多いので,この方式よりも,第 4 講でも触れたように「酸素の付加・水素の脱離」を酸化,「酸素の除去・水素の付加」を還元とする反応の分類を行う方が普通です.マーガリンなどを製造する際には,不飽和脂肪酸エステルに富む油脂に触媒を用いて水素添加を行い,飽和脂肪酸エステルに変化さ

せているわけですが，これはまさに還元反応（化合物から見ると「水素の付加」です）に他なりません．

===== Tea Time =====

釉薬の色

　このごろは趣味の教室などでやきものをなさる方々も増えました．このやきもの（もっぱら陶器が主のようですが，磁器を作られる方も居られます）の話をされるとき，「これは酸化で焼くと柔らかい感じになるよ」とか「いい色を出すには，還元をかけるタイミングが難しい」などという表現がよく聞かれます．

　これは陶磁器を焼成するときの窯の中の，高温になった雰囲気の違いをいっているので，電気加熱の窯の場合には通常は外気とあまり違いがない（つまり 0.21 気圧の酸素を含んでいる）条件になりますが，灯油やガスなどの窯だと，内部には燃料から生じる高温の一酸化炭素が混入してきて，酸素の分圧は減少します．

　このように還元性気体の一酸化炭素が大部分で，酸化性気体の酸素が少なくなった条件での焼成が，やきもの教室でよく耳にする「還元で焼く」ということにあたるのです．燃料が燃えて炉の内部が高温になったら窯口を閉じて，酸素の供給を断ってしまう（つまり不完全燃焼させる）方法がとられるのですが，鉄や銅などを含む釉薬だと，まったく異なった色合いの製品が得られます．銅釉の場合，酸化炎での焼成ならば Cu(II) に，還元炎で焼成すると Cu(I) になります．よく「辰砂釉」と呼ばれる赤系統の釉薬の陶磁器がありますが，これは Cu(I) の示す色です．同じように鉄の釉薬でも，酸化焼成すると赤から黄色系統の色合いになります（志野焼などの色です）が，還元焼成だと Fe(II) のために青系統の色になるのです．「青磁」の色はこの Fe(II) によるものです．その昔の朝鮮半島では「高麗青磁」が珍重され，我が国でも評価が高くかなり舶載されました．ところが高麗が滅んで李氏朝鮮になったとき，この青磁を焼成する技術が完全に失われてしまい，李朝の磁器は「白磁」だけになってしまいました．

　ほかの遷移金属を含む釉薬は，コバルト以外は歴史がずいぶん新しいのですが（コバルト釉は元の時代に西方から入ってきて，白磁の上に青色で模様を描く「染付磁器」（中国では「青花」というようです）が考案されました），酸化条件と還元条件で色調が大きく違うものが多く，これが「やきもの教室での酸化と還元」のもとです．

第 6 講

化学方程式を使うと

　化学記号を使うと，化学反応を万国共通，かつ定量的に表現することができます．この定量的な表現をきちんと記したのが「化学方程式」なのです．なお，いまの高校や大学の初級のテキストでは「化学反応式」という用語を使われる方が多いのですが，これはもともと生物学などの用語で，定量的な表現をしないものを指していました．たとえばショ糖（蔗糖，スクロース）は体内で代謝されて二酸化炭素と水に変化するわけですが，これを化学反応式で表現すると

$$C_{12}H_{22}O_{11} + O_2 \rightarrow CO_2 + H_2O$$

のようになります．これは一見したところ化学の表現のように見えますが，実は

　　　　ショ糖　が　酸素によって酸化を受け　二酸化炭素と水になる

ということを，化合物名を化学式に置き換えただけに過ぎません．これでは定量的な表現にはならないのです．化学方程式では左辺と右辺の原子数が一致していなくてはなりません．ですから，「化学反応式」という表現ばかりを使用するのは，いくら教科書に書いてあっても，不便なことが多いのです．

　教科書などがこの「化学反応式」という言葉に統一されたのは第二次大戦後のことですが，当時さる科学教育がご専門のカリスマ教授が，「方程式なんて言っても，移項ができないのだから不適当である！」と声高に主張して，当時の文部省のお役人を折伏してしまったためなのです．末尾の「簡単な化学熱力学」のところを参照されれば，移項など日常的に行われていることがわかるのですが，教科書執筆や用語選定などに当たられていたほかの先生方もお役人も不勉強だったし，大先生の権威だけは今よりも格段に大きかったので，この不合理な主張が通ってしまい，以後何十年にもわたって諸兄姉の悩みの種を増やしているのです．

　化学方程式ならば，たとえ全部の化合物の化学式が既知でなくとも，両辺の原子数が一致しているという条件を活用すれば，未定係数法の典型的な応用問題な

ので，簡単に解けます．

それぞれの関与する分子数を x, y, z, w とすると
$$x\,C_{12}H_{22}O_{11} + y\,O_2 = z\,CO_2 + w\,H_2O$$
原子数が両辺で相等しいのですから

　　　　　炭素について　　　$12x = z$
　　　　　水素について　　　$22x = 2w$
　　　　　酸素について　　$11x + 2y = 2z + w$

となるはずです．未知数が4個なのに式が3通りしか立てられませんので，ここで得られるのはそれぞれの比となるわけですが，一番簡単な整数比となる組み合わせを選ぶのです．

この時，1分子中に一番沢山原子が含まれているものの係数をとりあえず1とおいてみます．すると $x=1$ ですから $z=12$，$w=11$ となることはすぐにわかります．

三番目の式に代入すると $11\times1+2y=24+11$ なので，$y=12$ と求められます．係数の1は省略して書かないことになっていますので，これを代入すると
$$C_{12}H_{22}O_{11} + 12\,O_2 = 12\,CO_2 + 11\,H_2O$$

これでショ糖の酸化の化学方程式が完成しました．昨今は受験教師がやたらに「化学反応式の暗記」を強制するということですが，そんな棒暗記などよりも解き方さえわかっていればいいのです．これは前講での過マンガン酸カリウムによる硫酸鉄(II)の酸化のところにも記したのですが，左右両辺で原子数（酸化還元反応なら電子の数も）が相等しくなっているという規則（「化学量論」ともいうのですが）が成り立つことを基礎に置いています．化学方程式ならこのようにたとえ一部にわからないところが残っていても，未定係数法で簡単に完成させることができるので，暗記の必要などまったくありません．なお，生成物にウェイトが置かれる場合には等号の代わりに右向き矢印，化学平衡を扱うときには両向き矢印を使うこともあります．

有機化合物の例ではちょっとわかりにくかったかも知れませんが，金属鉄を過熱水蒸気と反応させて四酸化三鉄（黒色酸化鉄，磁鉄鉱）を作る反応を同じように考えてみましょう．これは南部鉄器（風鈴や鉄瓶，灰皿などでお馴染みですが）の表面を黒く加工するのに昔から用いられている反応です．この場合には高

温の水分子が酸化剤として作用しています．はるか昔（18世紀）のフランスでは，水素気球に詰めるための水素ガスをこの方法で作っていたという記録もあります．

$$x\,\mathrm{Fe} + y\,\mathrm{H_2O} \rightarrow z\,\mathrm{Fe_3O_4} + w\,\mathrm{H_2}$$

鉄について　　　$x = 3z$

水素について　　$2y = 2w$

酸素について　　$y = 4z$

前の例と同じようにしますと　まず $z=1$ とおくことになります．するとすぐに $x=3$, $y=4$ となるので，$w=y=4$ という数値が得られます．つまり

$$3\,\mathrm{Fe} + 4\,\mathrm{H_2O} \rightarrow \mathrm{Fe_3O_4} + 4\,\mathrm{H_2}$$

となって，化学方程式が完成しました．

　酸化還元反応であることがわかるように，この式を酸化数を含んだ表現に直してみましょう．ストック方式ならば Fe(II)，Fe(III) のように丸括弧の中のローマ数字を使うのが正式なのですが，ちょっとわかりにくくもあるので肩付きの記号を使うことにします．鉄の方だけに着目すると

$$3\,\mathrm{Fe^0} + 4\,\mathrm{H_2O} \rightarrow \mathrm{Fe^{II}Fe^{III}_2O_4} + 4\,\mathrm{H_2}$$

のようになります．ここでは水が酸化剤として作用するので，水（$\mathrm{H_2O}$）の中の水素（H(I)）が単体の水素（$\mathrm{H_2}$）に還元されています．

　上のショ糖の酸化反応も，今の鉄の酸化も，同時にそれに見合うだけの電子を奪った酸化剤は還元されることがこれでわかります．逆に考えると，強力な酸化剤というものはエネルギーを沢山持った，比較的不安定な状態にある化合物（電子数が不足）ということになります．もちろん，普通には安定な水ですら，反応相手や反応条件を変化させることによって酸化剤となり得ることは，今の南部鉄瓶の黒い表面を作り上げる反応の例でもおわかりいただけるでしょう．通常の条件での酸化剤には，強力なものから穏やかなものまでいろいろあり，こちらが希望するような条件次第で何を使用するかを選択することになります．たとえば前にも記した過マンガン酸カリウムを通常のマンガン(II)化合物から調製するには，二酸化鉛（$\mathrm{PbO_2}$）やビスマス酸ナトリウム（$\mathrm{NaBiO_3}$），過ヨウ素酸カリウム（$\mathrm{KIO_4}$），過硫酸アンモニウム（ペルオキソ二硫酸アンモニウム，$\mathrm{(NH_4)_2S_2O_8}$）などの強力な酸化剤が必要ですが，鉄(III)やヨウ素（$\mathrm{I_2}$）のような穏やかな酸化

剤では酸化反応を行わせることは不可能です．これを調べるには，あとで触れる酸化還元電位の表や，いくつかの図，すなわちラティマー（Latimer）図やエブスワース（Ebsworth）図，プールベイ（Pourbaix）図を見る必要があります（これらについてはあとの第11講から第13講あたりまでをご参照下さい）．

まあそんな難しいことは今すぐやってみる必要はありませんし，不必要なら飛ばして下さっても結構なのですが，ここで大事なのは「酸化と還元は常に一対の反応として起こる」つまり，「酸化剤は還元剤からの電子を奪うことで，自分は還元されて，相手を酸化しているのだ」ということをわかっていただければいいのです．これは「化学反応式」では理解できない事柄なのですが，「化学方程式」ならば，上にも記したように反応物質（および電子）が過不足ないようにできなくてはならないのですから，ある意味では自明なのです．

つまり

　　　　酸化剤 ＋ 電子（n個）→ 還元される（還元形となる）
　　　　還元剤 － 電子（n個）→ 酸化される（酸化形となる）

ということなので，両辺を足し合わせると電子の項が消えて，結果だけが

　　　　酸化剤 ＋ 還元剤 → 酸化剤の還元形 ＋ 還元剤の酸化形

となっていることだけをわかっていただければいいのです．

================ Tea Time ================

酸素の陽イオンと希ガスの化合物

普通の場合，酸素はほかの元素や化合物から電子を奪い取って，自分は陰イオンになろうとします．つまり酸化力が強いので，この酸素から逆に価電子を奪い取るなんて芸当は，宇宙線の高エネルギー粒子でもなくてはむりです（オーロラの中には，このような状態の酸素が生成するので，これが基底状態に戻るときに発する光もあることがわかっています）．

強力な酸化用試薬として，フッ素の化合物を研究していたバートレット（Neil Bartlett, 1932-2008）は六フッ化白金（PtF_6）を合成し，いろいろな化合物と反応させることを試みていて，これが分子状酸素と反応して$[O_2^+][PtF_6^-]$なる組成の化合物を作ることを発見しました．つまりこの反応で生じるヘキサフルオロ白金(V)酸のイオン

[PtF$_6$$^-$]はかなりの安定性があり,酸素分子を酸化して得られる,著しく反応活性の大きいジオキシゲニル陽イオン[O$_2$$^+$]にあっても分解されずに安定な塩を形成できることがわかったのです.酸素分子のイオン化エネルギーはおよそ12 eVほど(詳しくはE_I(O$_2$→O$_2$$^+$)＝12.071 eVと報告されています)なので,こうなると原子番号の大きな希ガスのイオン化エネルギーとあまり違わないのです.そこで同じ六フッ化白金をキセノンのガスと反応させたところ,予測通り反応が起き,最初の希ガスの化合物が得られたのです.1972年のことでした.ちなみにキセノンのイオン化エネルギーE_I(Xe→Xe$^+$)は12.12984 eVと測定されています.

第7講

身近にあるいろいろな酸化剤

　ところで，今までも特に解説なしでいきなり「酸化剤」とか「還元剤」の例を挙げてきましたが，実験室で使う試薬のほか，身の回りにもそれとは記していない「酸化剤」や「還元剤」がけっこう多数存在しています．

　ところが一方では，一知半解ぶりを売りにしているレポーターたちが，「化学物質はコワイもの」と自分たちの頭がカラッポであることをひけらかし，普通の人たちを脅かそうと，何かいかにも新発見（彼らにとってはそうなのかもしれませんが）でもあるように声高な長広舌を揮(ふる)っています．読者諸兄姉がこのようなインチキに惑わされないようにガイドをするのもわれわれのつとめの一つでもありますから，実際に私たちの役に立っている「酸化剤」と「還元剤」について，大ざっぱではありますが紹介しておきましょう．

　まずは酸化剤の方からにしますが，私たちの生活している地表においては，大気の圧力はほぼ一定で，およそ1気圧，その中の酸素の濃度もほぼ一定で，約21%，つまり圧力にすると0.21気圧，つまり約21 kPa（キロパスカル）になっています．もちろん何千メートルもある高所ではこの圧力も小さくなり，人間が活動するために必要な酸素を取り込むには，肺呼吸の能力を大きくする必要があります（スポーツ選手が高地トレーニングをするのは，これで肺機能が活発になるように身体を順応させることが目的なのです）．つまりわれわれは酸素という酸化剤の中で生きているとも言えるのです．

　動物の体内では，摂取した食物を代謝して二酸化炭素と水（および窒素分）とに分解して活動のためのエネルギーの源としているわけですが，この時に酸化剤として作用しているのは，肺から血液中に取り込まれ，ヘモグロビンに結合した酸素分子です．体具合が悪くなると，もとに戻すためには代謝活動を盛んにしてやる必要があるわけで，病人に酸素吸入を行わせたりするのもそのためなので

す．酸素による酸化はこのようにお馴染みのものですが，このほかにも比較的よく目にするものについて簡単に説明しておきましょう．

● 漂白粉（さらし粉）と「キッチンハイター®」

これらは化学的に見るとどちらも次亜塩素酸塩，つまり HClO の塩類です．漂白粉は次亜塩素酸カルシウム，「キッチンハイター」の方は次亜塩素酸ナトリウムですが，前者は普通には消石灰（$Ca(OH)_2$）と塩素の反応で作るので，理想的には $CaCl_2 \cdot Ca(ClO)_2$ のような組成の粉末，後者は NaClO のアルカリ性水溶液（つまり現代風の「ジャヴェル水」です．どちらも ClO^- イオンが酸化力の元なので，「有効塩素分○％」などとラベルに印刷してあるのは実は次亜塩素酸ナトリウムに換算した含量です．高度漂白粉（強力さらし粉）と呼ばれるものは，石灰乳（水酸化カルシウムの懸濁液）に塩素ガスを通じた液から結晶として得られるもので，$Ca(ClO)_2 \cdot 2H_2O$ にほぼ相当する組成の結晶性粉末です．

次亜塩素酸塩は水道水やプールの消毒などでもお馴染みですが．ドイツ語では漂白粉のことを「Chlorkalk」といいますので，日本に入ってきたときに「クロールカルキ」といわれるようになりました．水に溶けると分解して塩素を放出するので，酸化剤，漂白剤，殺菌消毒剤として広く使われているのですが，この塩素の臭いがよく「カルキくさい」などといわれます．でも「カルキ」は石灰を意味する「Kalk」からなので，これは昔の人がウッカリ間違えてしまった結果です．

● ジクロロイソシアヌール酸ナトリウム（$C_3Cl_2N_3O_3$-Na）

キッチンハイターなどは液体なので，これでは実用上不便な場合も少なくありません．しかも一度設置（投入）したらしばらく効果が持続してくれる方が便利だというケースも少なくないのです．こういう時には，加水分解によってゆっくりと次亜塩素酸イオン（ClO^-）を放出してくれるような化合物が望まれます．

このためによく用いられているのは，ジクロロイソシアヌール酸ナトリウムとトリクロロイソシアヌール酸（$C_3Cl_3N_3O_3$）などの，水と反応して次亜塩素酸イオンを与えてくれるような化合物です．シアヌール酸は尿素が三分子縮合してできた六員環を骨格とする化合物で，窒素原子に結合している水素が塩素で置換可

能なのですが，これらの塩素置換体は水と反応して（つまり加水分解ですが），次亜塩素酸を生じます．pH がアルカリ側に寄れば当然ながら解離して次亜塩素酸イオンとなります．トリクロロ置換体の方が溶解度がずっと小さいので，長時間にわたって酸化力を保つことができますから，キッチンのシンクなどに投入してカビの発生を抑え，ぬめりを取るためにはこちらがもっぱら使われているようです．排水処理などで，すぐに溶けてほしいときにはジクロロ置換体の方が愛用されます．

●過酸化水素（H_2O_2）

救急箱でお馴染みの「オキシフル」は過酸化水素の 3％水溶液の商品名なので，一般名はオキシドールなのですが，試薬用には 30％水溶液が使われています．もちろん純品（濃度約 100％）を作ることもできますが，これは不安定でなにかきっかけがあると爆発的に分解してしまうので，取扱いには相当に注意が必要です．もちろん救急箱の常備品だったらそんな心配はまったくないのですが．

過酸化水素はいろいろな別名がありますが，工業界や美容界では略称の「過水」という名称が結構使われているようです．この化合物はフランスのテナールが 1820 年に初めて作ったので，前記のさらし粉などよりも歴史も短いためか，医療関係の方々もあまり使われようとはしません．実際に利用されるようになったのは第一次大戦よりあとの 1920 年代になってからです．しかし分解したあとに残るものが水と気体状酸素だけなのですから，もっと活用されてもいいように思えます．

工業界では，シリコンウエハの表面を洗浄するのに多用されています．この際には希アンモニア水との混合液（アンモニア過水）や，希塩酸との混合溶液（塩酸過水）が用いられるのですが，分解後には水と酸素だけになってしまうので，不純物の残存することがほとんどないのです．プリント配線のエッチングなどでも，以前は塩化鉄溶液だったのが次第に過酸化水素-塩酸混合液を使うところが増えてきたということです．

コールドパーマの第二液（毛髪のケラチンを還元剤で処理して柔軟にしたあと，ウェーヴを掛けてかためる際に酸化剤として用いる）にも使われています．

●過炭酸塩（$Na_2CO_4 \cdot nH_2O$），過ホウ（硼）酸塩（$NaBO_3 \cdot nH_2O$）

　市販の「酸素系漂白剤」の有効成分はこのどちらかのはずです．実はこれは正体が今ひとつはっきりしません．ちょっと前の文献を見ますと，結晶水の代わりに結晶過酸化水素分子が含まれた炭酸塩やホウ酸塩であると記してあります．ところが比較的最近になって，ペルオキソ結合（-O-O-）を含む本当の過炭酸塩や過ホウ酸塩が存在していることが結晶解析の研究から判明したのです．でも，調製方法などを調べてみると，これらと市販品とが本当に同じ化合物であるかどうかは，まだよくわからないのです．ひょっとしたら両方とも存在可能なのかも知れません．いずれにせよ，水に溶けると過酸化水素のアルカリ性水溶液としての性質を示し，有効なマイルドな酸化剤として布地の漂白用などに使われています．

●過マンガン酸カリウム（$KMnO_4$）

　クリーニング業界などでは昔風に「過満剥（かまんぼつ）」と呼ぶ向きもあるらしいのですが，分析試薬にも用いられる強力な酸化剤です．酸化還元滴定に用いるときは通常はかなり濃い硫酸酸性条件で行うので，Mn(II)にまで還元されるのですが，クリーニングでの漂白などの時には中性から弱酸性の条件で行いますので，還元されると二酸化マンガンになります．つまり Mn(IV) のところで停止するのです．布地などの染み抜きだと，染みのところが褐色に残るので，あとは亜硫酸ソーダなどを用いて還元して脱色するということになります．中性（弱酸性）条件での反応は

$$MnO_4^- + 4H^+ + 3e^- \rightarrow MnO_2 + 2H_2O$$

のようになります．

　強力な殺菌・消毒作用があるので，その昔は消化器伝染病患者の吐瀉物や排泄物の消毒・殺菌にこの水溶液が不可欠でした．文豪谷崎潤一郎の作品にも『過酸化マンガン水の夢』というのがありますが，これも消毒用の過マンガン酸カリウムの水溶液（お医者様が以前はこう呼んでいました）のことです．

●オゾン（O_3）

　「三酸素」と記してある文献も今では少なくないのですが，その名の通り O_3

分子で，強力な酸化力（殺菌能力）をもっています．高圧放電などが起きている場所で，ほんのわずかでも生成するとその刺激性の臭いで検知できますが，オゾンという名称もギリシャ語の悪臭を意味する言葉「οσμε（osme）」に由来しています（ところがこれは，最近の研究結果によると，オゾンが空気中の窒素を酸化して作る二酸化窒素の臭気らしいというのです．だとすると化合物名は濡れ衣だということになってしまいますが，空気中だと常に窒素が存在しているのですから，臭気で検知できることに変わりはありません）．

その昔の湘南海岸は，空気がきれいで紫外線量が高く，そのためにオゾンが豊富だということで，結核患者の療養に適している（つまりオゾンが結核菌を駆除してくれる）と考えられ，保養地として有名でありました．徳冨蘆花の『不如帰』のヒロイン浪子嬢は，胸を病んで葉山で療養していることになっていますし，国木田独歩も肺結核を患って，茅ヶ崎の南湖院で療養していましたが，治療の甲斐なくここで逝去しました．江戸川乱歩の推理小説『蠢く触手』にもこの茅ヶ崎の結核療養施設が登場します．

強力な酸化作用があるため，有機化合物を酸化分解させるための試薬でもあります．フランスなどでは上水（水道水）の殺菌用に使われているとのことです．我が国でも試験的に行ったところもあるようですが，塩素殺菌と違って効果が長続きしないので，やはり不向きということになって中止されたそうです．

●ヨウ素（沃素，I_2）

単体ヨウ素は紫色の結晶ですが，水溶液やアルコール溶液（ヨードチンキ）では褐色に見えます．ベンゼンや四塩化炭素などの無極性溶媒中では鮮やかな紫色を呈します．ヨウ素自体は水にはほとんど溶けませんが，ヨウ化物イオンが存在すると $[I_3^-]$ のような錯イオンを作って溶けるようになります．グリセリンを含むヨウ素とヨウ化カリウムの水溶液が「ルゴール（氏）液」，薬用アルコール溶液が「ヨードチンキ」としてお馴染みです．

消毒薬やうがい用などに使われる「ポビドンヨード」は，水溶性の高分子であるポリビニルピロリドンとヨウ素の複合体と多くの文献に記してありますが，実は三ヨウ化カリウム（KI_3）とのポリビニルピロリドンとを混合して作るので，この「複合体」の正体は，ヨウ素澱粉反応の着色物と同じように，I_3^- と鎖状の

高分子の錯体です．

　ヨウ素はマイルドな酸化剤ですから，ヨウ化物イオンにもっと強力な酸化剤を加えると，容易に酸化されてヨウ素や三ヨウ化物イオンが生成することになります．ほかの酸化剤を定量する際によく「過剰のヨウ化カリウムを含む水溶液に加えて，生成するヨウ素をチオ硫酸ナトリウムで滴定して定量する」という方法がとられます．

● 重クロム酸カリウム（$K_2Cr_2O_7$）

　現在の正式化学名は「二クロム酸カリウム」なのですが，通常は「重クロム酸カリ」と呼ばれる方が多いようです．橙赤色をしていて，再結晶で純品を得ることが簡単ですが，工業用（皮鞣し，鍍金そのほか）にも多用されています．美しい黄色の顔料（クロムイエロー）の原料でもあります．いわゆる「六価クロム」はクロム酸塩や重クロム酸塩のことですが，土壌や地下水などの汚染の原因となったということで，マスコミによってすっかり悪者扱いにされてしまいました．でも，あまりはっきりとは目に見えないところで結構人間の役に立っているのです．濃硫酸と重クロム酸カリウム飽和水溶液の混合物は「クロム酸混液」と呼ばれ，ガラスの表面を清浄にするには欠かせないものです．これは何十年も廃棄せず，汚れ落としの効力が弱くなったら濃硫酸や重クロム酸カリウムを足して使い続けるものなので，廃液にもそんなに六価クロムの垂れ流しなんてことはなかったのですが，実はこのほかに，生物標本の固定や写真製版のゼラチンの固化などに以前は広く使われました．ところがこちらは廃液処理が大変（化学実験室と違って，こちらの場合はきれいな標本やゼラチン版を作るのが目的ですから一回ごとに廃棄するので，濃いままでしかも量も多いのです）なので，現在では使用量は激減してしまいました．

● 臭素酸塩（$NaBrO_3$）

　その昔，髪の毛にウェーヴを掛けるには，カーラーに巻いてそのあとを電気ヒーターで加熱処理していたのです．化学薬品利用の「コールドパーマ」が登場したのは，我が国では第二次大戦直後からでした．このコールドパーマでは，髪の毛のケラチン分子に含まれているシスチンの -S-S- 結合を還元してばらばらに

し（これで柔らかくなるわけですが），このあとカーラーに巻いてから酸化剤で処理して希望の形に固定することになります．この酸化剤として広く用いられています．

最近また話題となった振動反応（ベロウソフ-ジャボチンスキー反応）の酸化用の試薬としても使われています．

=============== **Tea Time** ===============

ジャヴェル水

酸化漂白，つまり不要な有機物を分解してしまうための試薬には，最初はシェーレの作った塩素水が使われていました．でも塩素自体は水にはあまり大量には溶けてくれませんし，不安定ですぐに試薬自体が分解してしまいます．塩素を水に溶かすと酸性となるのですが，これは塩素が水と反応して水素イオンを生じるためです．

それならばアルカリに塩素を吸わせて，もっと持ち運びも便利な薬品の形にしたら便利だろうと考えた人物がいました．この考案者は蒸気機関の発明者として名高いジェイムズ・ワット（J. Watt, 1736-1819）だったと言われています．でも実際に安価なアルカリとして消石灰に塩素を反応させて，今日でも使われているさらし粉（漂白粉）を最初に作ったのは，ワットの友人であったプリーストリー（酸素の発見者）でありました．

ところが，フランスの繊維工業地域では，固体のさらし粉よりも，液体の漂白剤の方が便利だということで，安価なアルカリとして苛性カリ溶液（不純な水酸化カリウム，当時のことですから草木灰を水に溶かし，消石灰を加えた上澄みだったでしょう）に塩素を吸わせたものを作りました．これが最初の生産地の名をとって「ジャヴェル水（eau de Javel）」と呼ばれたのです．台所でおなじみの「キッチンハイター®」はこれの現代版で，苛性カリの代わりに水酸化ナトリウムの濃い水溶液が使われています．

この「ジャヴェル」はもともとパリの近郊の町の名でしたが，今では市内（十五区）の一角で，エッフェル塔の南西方向，セーヌ川にかかるミラボー橋の東詰め一帯にあたり，橋のたもとには地下鉄の「ジャヴェル」駅もあります．その昔は工場地帯でもあり，自動車で有名なシトロエン社の工場などがありましたが，その跡地は再開発されて，観光名所ともなった「アンドレ・シトロエン公園」となっています．ここの河岸も以前は「quai de Javel」（ジャヴェル河岸）でしたが，いまは「quai de Citroën」（シトロエン河岸）に代わっています．

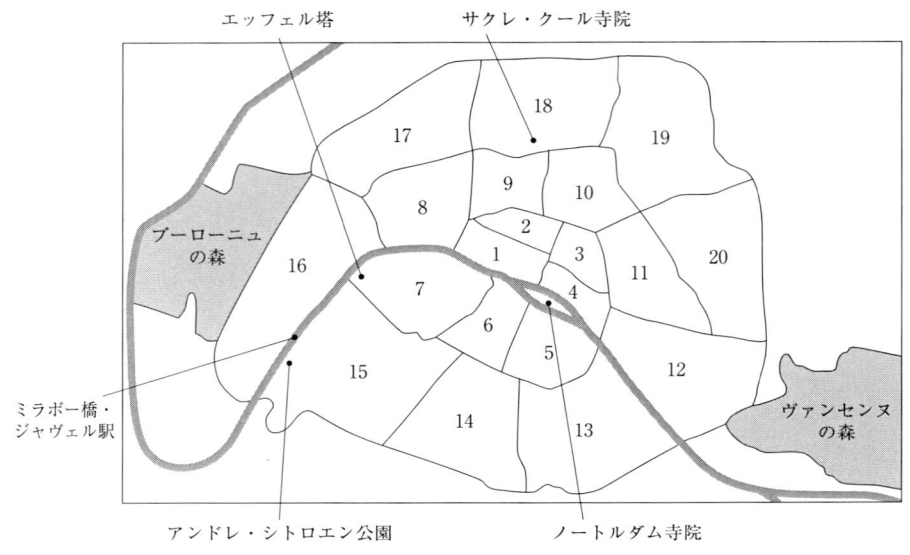

図 2 パリ市街

なお，ミュージカルにもなっているヴィクトル・ユーゴーの『レ・ミゼラブル』の登場人物の一人である「ジャヴェル」警部も，ここに因んだ名なのだと記してあるのを見たことがあるのですが，こちらは「inspecteur Javert」が原綴りなので，そそっかしい演劇関係者あたりがどこかで間違われたのでしょう．

第 8 講

身近にあるいろいろな還元剤

　前にも記しましたように，われわれは 0.21 気圧の酸素の存在下に生きています．ですから，酸化されやすい物質は遅かれ早かれ酸素と化合する運命にあるわけです．有機化合物のほとんどは空気中，あるいは純酸素中で容易に燃焼して二酸化炭素と水になりますし，生物の体も，生命を終えるとさまざまなプロセスで分解されて，最終的には二酸化炭素と水と窒素分になってしまいます．ですから，広い意味で考えると有機化合物はすべて還元剤ということになってしまいます．

　それでも，酸化されていない状態にあるもののほうが有用であるというケースは結構たくさんあります．酸化によって不快な臭気の源となったり，あるいは有害な化合物を生じたり，栄養成分がこわされてしまったりする例は少なくありません．また，微量の酸化性物質でも時としては生物の生存には毒作用が大きく現れることもあります．

　われわれがせっかく利用しようとしても，こうなったらもう使えないのです．そのためには酸化防止策として，周囲に存在する気体を全部取り除いて真空にしたり，あるいは酸素を含まない「不活性気体」で置き換えたりする，いわば物理的な保存方法も採用されています．たとえば白熱電球のフィラメント（タングステン製）など，高温で酸化されてはまずいので，不活性のアルゴンや窒素などを封入して酸化されないように工夫されています．食品なども気密にパックした中に脱酸素剤を入れて酸素を吸収させて，内容物を酸化されない状態のままで保存できるようになっています．

　このほか，織物の染色や布地の染み抜きなどでも，酸化剤で分解・脱色してしまう方法のほかに，還元剤で処理して水溶性を大きくして洗い流してしまう手法もしばしば採用されるのです．友禅染のように多色での彩色が必要な場合，すで

に着色してしまった部分を脱色して，新たに彩色しなくてはならない場合も少なくありませんが，こういう時には，還元剤による脱色の方が採用されることも少なくありません．

　化学的に酸化を受けないように工夫する，つまり電子を奪われないようにするために用いられる化合物が「酸化防止剤」で，これの多くは物理的な「脱酸素」作用を利用しているわけですが，もっと強力なものをも含めると，一般的には「還元剤」と呼ばれるものとなります．

● 二酸化硫黄（亜硫酸ガス，SO_2）と亜硫酸塩（Na_2SO_3, $NaHSO_3$ など）

　セルロース，紙，天然繊維などの漂白に以前から使われてきました．二酸化硫黄そのものは常温では気体で，そのために別名を「亜硫酸ガス」とも言うのですが，水溶液（亜硫酸水）はかなり強い還元作用を持っています．特別な食品の脱色用にも，殺菌効果のあることも買われて利用されてきました．特に鉄イオンによる染みなど，酸化された $Fe(III)$ の形だと水に不溶となりやすいので，還元漂白剤を作用させて $Fe(II)$ の形にすると水にずっと溶けやすくなり，除去も楽になるからです．今では故紙の再生処理に際して，以前からの塩素漂白よりもこちらの方が（ダイオキシンの生成が抑えられるということもあってか）多用されているようです．亜硫酸塩（中性塩や酸性塩）は結晶性で取扱いが楽なので，こちらを薄い酸で処理すると，亜硫酸水と同じように使用可能です．

● チオ硫酸ナトリウム（ハイポ，$Na_2S_2O_3$）

　写真工業界で大量に使われてきましたが，昨今はデジカメの普及にともなって昔ほどにはなじみがなくなったかも知れません．この俗称は「ハイポ」で，英語圏でも同じように「hypo」なのですが，これは最初に作られた頃に，なかなか純品が得られなかったのか，それとも分析が不正確であったのか原因はよくわからないのですが，次亜硫酸ナトリウム（sodium hyposulfite, Na_2SO_2）と誤認されたためだということです．

　金魚や熱帯魚を飼っている鉢や水槽には水道水を直接入れられないことはご存じだと思いますが，これは塩素分（正確には ClO^-）が溶けているからです．以前なら「ときどきかき回しながら一晩くみ置きすること」などと口伝があって，

これで除いていたのですが，現在なら「カルキ除去剤」としてこのチオ硫酸ナトリウムを添加して還元により無害化を行わせるのが普通になりました．

なお，写真の定着に「ハイポ」を用いるようになったのは，イギリスの大天文学者ジョン・ハーシェル（天王星を発見したウィリアム・ハーシェルの子息）が，恒星のスペクトルを測定・記録する際のフィルムや乾板の処理に用いたのが最初だと言われています．ただこれは銀イオンとの錯形成の利用で，酸化還元反応ではありません．

●第一鉄塩（$FeSO_4$，$FeCl_2$ など）

かなり以前のことですが，東京でも江東区などで化学工場の跡地から「六価クロム」が大量に発見され，その無害化処理に「緑礬」が使われたというのが新聞紙上を賑わしたことがあります．これは安価でかつ生成物が水に溶けにくい（つまりそれ以上環境を汚染しない）還元剤として利用されたのですが，もちろん粗製品（つまりくず鉄を硫酸に溶かしてつくった）で十分でした．鉄の化合物にはよく知られているものが2種類あって，低酸化数（Fe(II)）のもの（第一鉄塩）は還元剤，高酸化数（Fe(III)）は酸化剤となるわけですが，このあたりを誤解している面々も少なくないようです．詳しくはあとで．

●ハイドロサルファイト（$Na_2S_2O_4$）

手染め染料として，昔から使われてきた藍の色素（インディゴ）や，合成染料のインダンスレン系染料などの堅牢な色素で染色を行う際には，かなり強力な還元剤を利用して色素を還元して水溶性の形に変えます．還元されて色の薄い「ロイコ形」ができると，水溶性が大きくなります．これを含む溶液に繊維を浸漬してから，空気中の酸素によって酸化することで繊維に固着させるのです．もともと頑丈な骨格を持っている色素なので，普通の還元試薬ではなかなか反応しないのですが，このための強力な還元剤としてよく利用されています．正式な名称は亜二チオン酸ナトリウム（$Na_2S_2O_4$）です．「ハイドロサルファイト」というのは文字通りだと酸性亜硫酸塩（$NaHSO_3$）を意味しますが，これもハイポと同様その昔の誤認の結果の命名が普及してしまったからなのです．

●グルコース（葡萄糖，$C_6H_{12}O_6$）

　糖類の中には，還元性を持つものと持たないものがあります．前者を還元糖と呼ぶのですが，グルコースはまさにこの還元糖の代表的なものです．アルカリ性にすると還元作用を示すのは，フェーリング反応などでお馴染みでしょう．その昔の藍染めでは，お米を煮浸して作った糊に木灰を加えてアルカリ性にし，これで藍の色素を還元して水溶性にしていました．つまり，糊の中の澱粉が加水分解して生じるグルコースの還元力を利用したのです．アルカリ性を加減することで，現在の染色工業で使われているハイドロサルファイト並みの還元性を持たせることも可能だったのです．普通にはあまり意識されていませんが，文化祭などのマジックショーなどでお馴染みの，色の変わる水溶液を入れた「マジックボトル」もこのアルカリ性におけるグルコースの還元性を利用したものです．

●チオグリコール酸塩（$HSCH_2COONH_4$ など）

　あまり耳慣れないかも知れませんが，髪の毛に含まれているケラチンという蛋白質を還元するためにかなり大量に用いられているものです．ケラチンの中にはシスチンという -S-S- 結合を含んだアミノ酸があり，これによって蛋白質の構造が架橋固定されています．パーマネントをかけるときに，髪の毛をチオグリコール酸塩（多くはアンモニウム塩が用いられています）と反応させると，この -S-S- 結合が還元されて，2個の HS- 原子団に変化します．この状態ではケラチンの長い鎖は，架橋が切れたために変形しやすくなっていますから，髪の毛も柔らかくなるので，この状態で望みの形にセットして，あとでマイルドな酸化剤である臭素酸塩などでまた -S-S- 結合に戻す（もちろん前とは違った位置に変っています）ことで，ウェーヴがかけられるのです．

●アスコルビン酸（Hasc，$C_6H_8O_6$）

　栄養学の方でお馴染みの「ビタミンC」です．酸化されるとデヒドロアスコルビン酸にかわります．食品添加用のほか，化粧品などにも利用されています．酸化を受けるとデヒドロアスコルビン酸に変化しますが，これは分解しやすいため，あとに残るものもほかの化学反応に邪魔となることほとんどないために広く使われているのです．いろいろな実験で酸化を防ぐために，「酸化防止のために

微量のアスコルビン酸を添加する」という指示のある例も少なくありません．

このほかにも，ロンガリットや過酸化チオ尿素など，繊維工業界でよく用いられる還元剤が何種類かありますが，これらについてはあとで改めて説明することにしましょう．名称も普通の教科書方式のものとはまったく別のシステムでつけられているものが多いのです．

================ **Tea Time** ================

電気を使わずに金属ナトリウムを作る

　デーヴィーが融解水酸化ナトリウムにヴォルタの電堆からの直流電気を通じて金属ナトリウムを得たのは 1807 年のことでした．現在での金属ナトリウムの工業的製法は，塩化ナトリウムと無水の塩化カルシウムの混合塩を加熱融解させて，これに直流電流を通じる方法が主に採用されています．金属ナトリウムの融点は約 100℃，比重は 0.98 ほどなので，この混合融解塩の温度であれば陰極側に析出した液体のナトリウムが電解浴の上面に浮上するので，これを陽極側の塩素と混ざらないように汲み出せば連続的に製造することができます．

　ところで，電気分解によらずに金属ナトリウムを得る方法がないわけではありません．フランスのジュール・ヴェルヌの傑作『海底二万リーグ』の中で，太平洋を航海中の怪潜水艦ノーチラス号に救助されたパリ博物館のアロナックス教授が，ネモ艦長にこの潜水艦の動力源についての話を聞く場面があります．艦長は「この潜水艦は電気で動いているのです．ブンゼン電池の改良型で，金属ナトリウムを使っているのです」というのですが，アロナックス教授は，「それはおかしい，金属ナトリウムを作るには，当然ながらそれ以上の電気エネルギーが必要なはずです」と疑念を呈します．ネモ艦長は「われわれの方式では金属ナトリウムを製造するには電気を必要としません．海水中には無限とも言える食塩が溶けていますから」と述べています．

　それ以上細かいことは述べられていませんが，これは安定した大電流を供給できるような直流発電機がエジソンの手によって供給できる以前にもっぱら用いられた方法で，フランスのアンリ・サント＝クレール＝ドヴィーユ（H. Sainte-Claire Deville, 1818-1881）が考案したものでした．彼の方法は，無水の炭酸ナトリウムと炭素粉末を混合し，鉄製のレトルト中で加熱して，下記のような炭素による還元反応を起こさせ，生成するナトリウムの蒸気（沸点は 883℃）を冷却して受け器に集めるものです．当時の金

属アルミニウムの製造などにかなり大量に必要となった金属ナトリウムは，この方法で調製されたものでした．

$$\mathrm{Na_2CO_3 + 2\,C \rightarrow 2\,Na + 3\,CO}$$

この方法であれば，金属ナトリウムの生産には電力がなくとも熱エネルギー（当時ですから石炭だったでしょう）で十分ですし，海水から採取した食塩を原料として炭酸ナトリウム（ソーダ灰）を工業的に作る方法（ルブラン法やソルヴェイ法）もすでに実地に行われていましたから，ネモ艦長もどこかの無人島の基地で大量に金属ナトリウムを製造することは可能だったと考えられます．でも，工業用の電力が安価に供給されるようになると，このサント=クレール=ドヴィーユ方式は廃れてしまい，いまでは無機化学のテキストにもほとんど掲載されていません．

第 9 講

酸化剤や還元剤の強さ

　前の第7講と第8講で，比較的身近な酸化剤や還元剤の例を紹介しましたが，実はここに列挙したものの反応もそんなに簡単ではないのです．たとえば酸化剤の一つである過酸化水素は，過マンガン酸カリウムと反応して酸素と水に変化します．つまり還元剤として挙動するのです．酸化剤としての作用は過マンガン酸カリウムの方がずっと強力だからなのです．同じように還元剤の筆頭に掲げた二酸化硫黄も，もっと還元力の強い硫化水素と反応すると，還元されて硫黄を放出するようになります（この反応は温度によって進行方向が変化するという厄介なものなのですが，これについてもあとで改めて考察することにしましょう）．この場合，二酸化硫黄の方が酸化剤として働き，硫化水素を酸化して単体硫黄に変えるのです．

　酸化剤や還元剤にもそれぞれ力量の差があるということは，電子を奪い取る能力，あるいは電子を押し込む能力にそれぞれの違いがあるということになります．簡単な例として金属元素のイオン化について調べてみましょう．この場合イオン化は電子を放出することですから，つまり還元作用の強弱を示していることになります．

　これに最初に気づいたのはイタリアのヴォルタ（A. Volta, 1745-1827）でした．ヴォルタは2種類の金属の板に，食塩水を含ませたフェルトや厚紙を挟むと電気が起きることを1800年に発見したのです（それまでは，ガルヴァーニの電気ピンセットによる蛙の脚の筋肉の収縮の実験が有名で，そのために，電気が生じるためには生体物質が必要だろうと信じられていました）．これを何段も重ねたものが「ヴォルタの電堆」で，今日の電池の祖形ともいえるものです．ここで化学エネルギーと電気エネルギーとの変換が初めて可能となりました．

　ヴォルタはいろいろな金属を使って実験を行い，プラス側とマイナス側になる

金属の順番を決めました．これが「ヴォルタ列」と呼ばれるものです．受験時代にやたらに暗記を強いられる「イオン化傾向の列」というものがありますが，実はこのテキストや受験本にある「イオン化傾向列」は，このヴォルタ列を拡大増補しただけのものです．ところがかなりいい加減（条件がきちんと決められていないものを無理に比較して並べているだけ）なので，電気化学の大権威である東京大学の渡辺 正先生のように「初学者には誤解を招くだけで有害無益だから，教科書からさっさと追放すべきだ！」と主張される大先生も少なくはありません．まあ少なくとも無理に暗記しなくてはならない程の重要性はないものとお考え下さい．

　実験物理学の方では「帯電列（たいでんれつ）」というものがあり，その昔の静電気の実験の際に，摩擦した場合にどちらがプラスに帯電するかがわかるようにいろいろな物体を配列したものがありました．たとえばエボナイトと毛皮とか，ガラス棒と絹布などがよく静電気の実験に登場しますが，これの根拠がこの「帯電列」なのです．でも今では，こんなものが入学試験などに出てくることはもはやありませんし，物理の教師たちもこんなものを暗記しろなどとは言われません．我が国の高等学校の理科のテキストのなかでは，生物学や天文学（物理，地学の両方に含まれています）などはずいぶん新しい分野までをたくみにカヴァーしているのですが，こと化学の教科書だけは旧態依然としていて，面白いところはきわめて手薄です．つまり受験化学の世界はずいぶん時代遅れになっているのです．それなのに，新しく面白く，実用上も便利なことを話題として教育現場に持ち込むと，すぐに「文部科学省の制定した範囲外の難しいことを詰め込み教育している．ケシカラン！」と声高に大騒ぎする不勉強な面々（一部の教育評論家やマスコミ，モンスターペアレントなども）が多数存在するのです．現実には，こういう無責任な雑音源のために学生諸君が大変な不便を強いられ，教師方も必要以上に苦労される結果となっているのですが．

　電子を放出しやすいということは，つまり還元力が大きいということですから，容易に酸化を受けるということになります．つまり錆びやすい金属と錆びにくい金属があって，このペアでは錆びにくい金属のほうがプラスに帯電するということになるのです．

　酸化されにくい，つまりイオンになりにくい金属は「貴（noble）」であると言

い，逆に酸化されやすい（イオンになりやすい）金属の方が「卑（base）」であると呼ぶことがよくあります．ただこれは化学的には相対的な分類でしかありません．金や白金などは確かに「貴金属」ですが，これはもともと「高価」であったからつけられた名称なのです．もちろん化学的にも「貴」ですが，化学の方ではこの金属の「貴」と「卑」は相対的なものですから，場合によってもっと広いものまでを意味します．

普通の「卑金属」，つまり鉄やアルミニウムなどよりももっとイオンになりやすくて，空気中では不安定なので酸化物の形となっている方が普通のもの，たとえばナトリウムやカリウム，カルシウムなどに対しては，古くは「賤金属」という名称が用いられたこともありました．

そういうことなので，2種類の金属を比較すると，「貴」なほうがプラス，「卑」な方がマイナスを帯びることになります．つまり「卑」であるほうは電子を供給する能力が大きいことがわかります．これはさらに非金属元素やイオンなどにも拡張され，もっと広範囲な比較が可能となりました．

電池の場合には「陽極」「陰極」ではなく「正極」と「負極」という名称を用いることに定められていますが，この用語は他の分野ではあまり使われていないようです．それぞれ「アノード（anode）」「カソード（cathode）」に対応しています．この言葉はギリシャ語起原で，電気分解の法則を発見したファラデーが，いろいろと苦心して設定した用語であります．

この二つの単語は，現代のギリシャでも普通に使われていることばです．何年か前に国際会議があってアテネに行ったとき，目抜き通りにある一流デパートのエスカレーターの登り口と降り口の掲示が「ΑΝΟΔΟΣ」「ΚΑΘΟΔΟΣ」となっているのを実際に見てきました．ギリシャ文字のままでは難しいかも知れませんが，お馴染みのローマ字に直すと「ANODOS」「KATHODOS」，つまり「アノード」と「カソード」にあたるわけです．

今から一千数百年前の宋の時代，銅の鉱山からの廃水を池などに溜めて，その中に鉄くずを放り込んでおくと表面に金属銅が析出するので，これを資源としたという記録が残っています．つまり，今日風に見れば鉄による還元で排水中の低濃度の銅を集めたことになります．もっともその頃でも辛うじて元が取れるぐらいしか採取できなかったようですが．排水浄化などという概念は当時はもちろん

まだありませんでした．

　地面の中に鉄鋼など金属製のパイプや部品を埋めなくてはならない場合が実際にはよくあります．この際によく「犠牲防食（蝕）」という方法が採用されることがあります．これは，地中（当然ながら水分が存在しています）で鉄鋼が侵蝕されないようにするために，鉄よりも「卑」であるような金属（たとえばマグネシウムや亜鉛など）の塊や棒を近くに埋設し，間を導線で接続して，いわば電池をつくることにあたります．この場合鉄の方から電子を奪うのはマグネシウムより難しいわけですから，マグネシウムから鉄の方へ電子が流れることになり，鉄のイオン化（つまり錆びの形成）は妨げられる結果となります．この場合は鉄の方が「貴」でマグネシウムの方が「卑」であることを利用しているのです．

=========== **Tea Time** ===========

塩鉄税

　紀元前から製鉄は東洋でも盛んになったのですが，前漢の武帝（在位：紀元前141-前87）の時代，塩や鉄などを政府の専売として税金を掛け，匈奴などとの戦いの費用を賄おうという試み（今日の消費税の元祖みたいなものですが）が始まりました．どちらも製造にはかなりのノウハウめいた部分があり，またある程度規模が大きくないと採算がとれないけれど，拡大した場合には儲けも大きいという性格があったからです．また，当時からもさまざまな用途にも事欠かなかったのです．

　ですがこの折りに，「戦費の調達のためにはこの手段しかない」と主張する桑弘羊（そうこうよう）などの当時の若手の経済官僚と，「生活必需品に政府が課税するとは人倫に悖（もと）る．ケシカラン！」と反対する老学者や古手の政治家との論争があり，その始終をまとめたのが「塩鉄論」（平凡社東洋文庫に採録されています）です．その後一千数百年にもわたってこの「塩鉄税」は続けられ，戦があるたびに税率が引き上げられました（もちろん政府がじかにやるわけではなく，御用商人に委託するシステムでした）．

　現在ですら輸送体系がきちんと稼動しているとはとてもいえない広い国土を対象にしていたのですから，塩商人や鉄商人は自前で運送システムを構築していました．当然ながら闇相場がたち，商人たちは価格の差を利用して巨利を得，贅沢三昧を尽くしていたのです．

　前漢の武帝の御代から一千年近く経過した唐の時代，すでにこの塩商人の資本蓄積と

豪奢な生活ぶりは大変なものとなっていました．当時の政治家でもあった大詩人の白居易の楽府に「塩　商　婦（えんしょうのつま）」という名高い作品があり，ダンナは商売熱心で留守勝ち，自分はうまいものを食べて結構な衣服を身にまとい，贅沢のし放題という当時の有閑マダムの様子が巧みに描写されています．もっともその当時の「商人」は，同じく白居易の「琵琶行」にもありますように，たとえ豪商であったとしてもかなり蔑視される階級でもありました．

第 10 講

酸化還元電位（酸化剤・還元剤の強さの目安）

　前講でのべた電池での化学平衡の正極，負極それぞれの部分における反応は，電子の授受（つまり酸化還元反応）にほかなりません．つまり

$$\text{酸化体} + n\mathrm{e}^- \rightleftarrows \text{還元体}$$

なのです．つまり一対の化学種が電子の授受によって結ばれているものと見なすことができます．この両者をまとめて酸化還元対ということもあります．

　この電子の授受は，本来は平衡反応ですから，外部から電子を供給する，つまり電気エネルギーを与えることで，この平衡状態を保持させることが可能となるはずです．われわれが通常扱う実験の条件では，温度と圧力がどちらも一定に保たれているので，酸化体と還元体の濃度をともに等しく $1\,\mathrm{mol\,L^{-1}}$ となっている状態を標準状態として扱うことにします．なおここでの「濃度」は厳密には熱力学的濃度，つまり活量濃度である必要があるのですが，これについては次の第 11 講であらためて述べることにします．いまは簡単のために同じものとして扱うことにしましょう．気体の場合には圧力が 1 気圧の場合を標準状態としますが，固体の場合には「濃度」が意味を持ちませんので，この場合には「活量濃度」を 1 と定義することになっています．実際には，溶液中の濃度のように自由に変化・調整が可能なものと比べると，固体の場合には変化が無視できるほど小さいため，定数項の中に含めて扱う方が便利だからです（これは，水分子の自己解離の際に，変化が事実上無視できるバルクの水の濃度を考慮しないで「イオン積」を定めているのと同様です）．

　さて，酸化体と還元体の濃度（正確には活量濃度）をともに 1 とした場合に，上の平衡を成り立たせるために，外部から電位差（電圧）のかたちで電気エネルギーを与えたとしましょう．この場合に必要な電位差（電圧）はふつう E^0 で表しますが，これを標準酸化還元電位と言います．標準電極電位と言うことも多い

のですがどちらでも構いません．この記号には括弧内にそれぞれの酸化/還元対を記すのが常で，たとえば $E^0(Zn^{2+}/Zn)$ のように書きます．酸化形の方を斜線の前に記すのが正式だそうですが，逆に書かれる大先生方も少なくありません．これはヨーロッパ式とアメリカ式の流儀の違いだということです．

ただ，ここで電圧を印加するには当然ながらもう一方の電極が存在しないと不可能です．そのために基準となる電極として，1気圧の水素（H_2）と水素イオン H^+ 1モルとが平衡にある酸化/還元対からできている電極を用い，これを標準水素電極として電位差の基準とします．よく SHE と略記されますがこれは「Standard Hydrogen Electrode」の省略形です．電極での反応は

$$H^+ + e^- \leftrightarrows (1/2)H_2$$

となります．つまりこの $E^0(H^+/(1/2)H_2))$ の電極における酸化還元反応の平衡電位を 0 V(0.000 V) として，ほかの系の標準電極電位を比較するわけです．こうして作った表を巻末資料に示しておきましょう．

この電子の授受と物質の濃度との関係を導き出したのはドイツの大学者（物理学者としても化学者としても，ともに「大」の字がつくほどの偉い先生だったのですが）のヴァルター・ネルンスト（W. H. Nernst, 1864-1941）です．前にも記しましたが，

$$\text{酸化体} + n\,e^- \leftrightarrows \text{還元体}$$

のような平衡があるとき，酸化体，還元体のそれぞれの濃度（正確には活量濃度）で平衡状態に保たせるような電位を E で表すと

$$E = E^0 - \frac{RT}{nF} \ln\left[\frac{a_{(Ox)}}{a_{(Red)}}\right]$$

のようになるのです．ここで R は気体定数，T は絶対温度（熱力学的温度），F はファラデー定数，n はこの電極反応に関与する電子のモル数，$a_{(Ox)}$, $a_{(Red)}$ はそれぞれ酸化体，還元体の活量濃度を表しています．これがネルンストの式と普通に呼ばれるものです．

この式はもともと化学平衡を熱力学的に取り扱うための式から誘導されたものですが，われわれが通常扱う常用対数スケールでの式に変換すると

$$E = E_0 - 2.303\frac{RT}{nF} \log\left[\frac{a_{(Ox)}}{a_{(Red)}}\right]$$

となり，n を 1 としたときのこの係数 $(2.303\,(RT/F)\log[a_{(Ox)}/a_{(Red)}])$ は「ネルンスト勾配」ということもありますが，常温（25℃），つまり 298.15 K で計算すると 0.05916(V) となります．つまり一電子の酸化還元系の場合，酸化体/還元体の濃度比（活量濃度比）が一桁違うと，起電力はおよそ 60 mV ずれた値となることがわかります．

　ところで，実際に実験してみるとわかるのですが，水素電極は，普通に扱うには結構厄介で，またいろいろな副反応が起きやすく，標準とするのが不適当な系も少なくないのです．そこで，標準水素電極との電位差（電池なら起電力ですが）が精密に測定されている特別な電極を参照電極として，これを実際に使用することがほとんどです．参照電極としては銀–塩化銀電極や飽和甘汞電極などが使われます．これらは副反応を起こしにくく，また温度による起電力の変動も小さいので，実用上はこちらの方がずっと便利です．もちろん物理化学的に精密な議論が必要となる場合には，きちんと設定した標準水素電極を使用する必要があるわけですが，通常の使用の場合にはこちらの方の利点がずっと大きいのです．もちろん得られた電位差は SHE からの値に換算して記録することになります．

================= Tea Time =================

標準酸化還元電位の求め方

　ナトリウムやカリウム，カルシウムなどの反応活性の大きな金属は，水と接触すると直ちに水素ガスを発生してイオンになってしまいます．ですから「イオン化傾向列」の最初の部分は，こんなきちんとした順番に並べることはできないはずです．

　それでも，熱力学的データから，遊離の金属単体と，それぞれの水和イオンとのエネルギー差を計算で求めることは可能で，これで「標準電極電位」が求められることになります．巻末資料で表になっているのはこのようにして計算された値で，亜鉛や銅などのように実際に金属の電極とその塩類の水溶液を使って測定できる場合とは，元来からすると同列に論じられないものなのです．

第11講

ラティマー図とエプスワース図（フロストダイアグラム）

　実際にわれわれが直面する酸化/還元系というのは，金属や元素単体とそのイオンだけという簡単なものだけではありません．受験化学にたびたび出てくる「イオン化傾向」というのは，この部分だけに必要以上にウェイトを置きすぎていて，ほかの重要なことを一切無視しているのですから，渡辺 正先生のような大権威からクレームがつくのは当然なのです．

　いろいろな酸化状態の存在する系においては，その間での標準酸化還元電位がきちんとわかればずいぶん便利です．このために作られたのが「ラティマー図（Latimer Diagram）」と呼ばれるものです．このラティマー（W. Latimer, 1893-1955）は，前にも述べた酸化数の定義を行ったアメリカの大電気化学者です．なおテキストによっては（翻訳のものなど）「還元電位図」と記してあるものもありますが，これだとあとに出てくるほかのダイアグラムと混同して誤解を招きやすいので「ラティマー図」，または「ラティマーダイアグラム」の方を使うことをおすすめします．典型的な例として，何種類もある塩素のオキソ酸の間の標準酸化還元電位（酸性水溶液中）をまとめたラティマー図は

$$\underset{+7}{ClO_4^-} \xrightarrow{+1.20} \underset{+5}{ClO_3^-} \xrightarrow{+1.18} \underset{+3}{ClO_2^-} \xrightarrow{+1.65} \underset{+1}{HClO} \xrightarrow{+1.63} \underset{0}{Cl_2} \xrightarrow{+1.36} \underset{-1}{Cl^-}$$

のようになっています．もう少し複雑な例として，同じように酸性水溶液中のマンガンの系ですと下に示したようになります．

$$MnO_4^- \xrightarrow{0.564} MnO_4^{2-} \xrightarrow[1.70]{0.234} MnO_4^{3-} \xrightarrow{4.27} MnO_2 \xrightarrow{0.95} Mn^{3+} \xrightarrow{1.51} Mn^{2-} \xrightarrow{-1.18} Mn$$

（上に 1.507 が MnO_4^- から MnO_2 へ）

この方式によると,いろいろな酸化状態を持つような系におけるそれぞれの酸化/還元対の示す標準酸化還元電位をまとめて参照することができます.前の標準酸化還元電位の表だと,あちこちに散らばっているものが圧縮された形で一覧できるように工夫されたのです.

このラティマー図では,右側が還元形,左側が酸化形で.右向き矢印の上に記してある数字が標準酸化還元電位です.当然ながらこの数字がプラスで大きな値である程,左側の化学種は酸化能力が大きい,つまり容易に右側の化学種に還元されてしまうということになります.逆に負の数字が大きければ,右側の化学種は優れた還元剤として作用し,左側の化学種へ容易に酸化されることがわかります.

前にも述べましたように,化学エネルギーは電気エネルギーと互換性がありますから,このそれぞれの化学種が,単体(今の場合なら金属マンガン)に比べてどのぐらい余分のエネルギーを持っているか,あるいは不足なのかを示す図があると便利です.このためにはそれぞれの酸化状態における自由エネルギー分を酸化数に対してプロットして折れ線グラフで結ぶといいのですが,いまのマンガンの場合だと,上のラティマー図を元に表2のようにして求めることができます.

表2

酸化数	化学形		E^0		
2	Mn^{2+}	: Mn (0) 基準	$0+2\times(-1.18)$	=	-2.36 (V)
3	Mn^{3+}	: Mn (II) から	$-2.36+1.51$	=	-0.85 (V)
4	MnO_2	: Mn (III) から	$-0.85+0.95$	=	0.10 (V)
5	MnO_4^{3-}	: Mn (IV) から	$0.10+4.27$	=	4.37 (V)
6	MnO_4^{2-}	: Mn (V) から	$4.37+0.274$	=	4.644 (V)
7	MnO_4^{-}	: Mn (VI) から	$4.64+0.564$	=	5.208 (V)

この関係を,横軸に酸化数,縦軸にエネルギーをとってプロットしたのがエプスワース図,またはフロストのダイアグラムと呼ばれるものです.テキストによってさまざまですが,最近では「フロストのダイアグラム」の方がよく見受けられるようなので,以下もこちらにしましょう(Cottonの無機化学の教科書はエプスワース図の方を使っていたようです).縦軸の刻みは,電圧(V)単位,あるいは$\Delta G/F$単位となっているものがありますが,どちらでもかまわないので

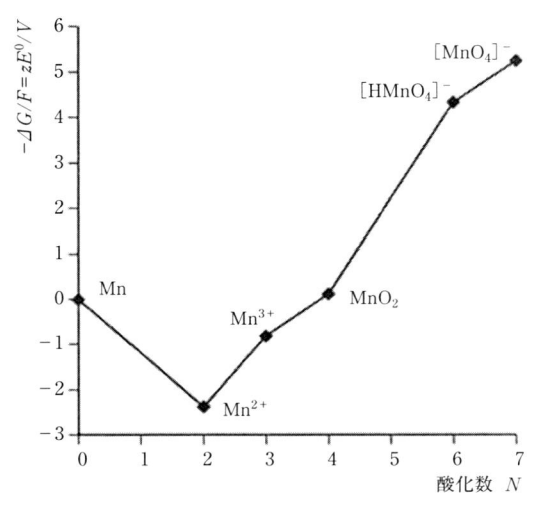

図3 マンガンのフロストダイアグラム
(出典：A. Frost. *J. Amer. Chem. Soc.*, **73**, 2080 (1951))

す．

　この場合，標準酸化還元電位は，二つの酸化状態の点を結ぶ直線の勾配に比例しています．ある酸化状態，たとえば図3のMn^{3+}のエネルギーをその両隣の酸化状態のエネルギーを比べたとき，中高になっていることがありますが，このような場合には，両隣の状態の混合物のほうがエネルギーとしては低い，つまり，もっと安定な状態となっていることがわかります．このような条件だと，自己酸化還元反応が起きて両方の酸化状態の混合物に変化してしまいます．これが「不均化反応（disproportionation）」と呼ばれるもので，いまのMn(III)の状態は，この条件だとやがてMn(II)とMn(IV)（つまりMnO_2）とに不均化してしまいます．

　有機化学での人名反応の一つであるカニッツァロ反応は，アルデヒドが自己酸化還元反応を起こしてアルコールとカルボン酸になる反応ですが，これも不均化反応の好例です．ただこれはアルデヒド基の結合している炭素にプロトンが結合していない場合だけ（たとえばベンズアルデヒドなど）にしか起きません．

　このフロストのダイアグラムは，多数の酸化状態の存在する元素のそれぞれの化学種の酸化力や還元力を一見するだけで知ることができるので便利なのです

が，酸化数は通常右に行くほど増加するようにして描きます．この場合，右下がりの線は，酸化数が増加した方が低エネルギーとなるわけで，つまり還元作用があるということになりますし，逆に右上がりの線の場合には，酸化数の増加した化学種の方が高いエネルギーを持っていて，酸化剤として挙動可能ということになります（ただ，時には左右を逆にプロットしてあるテキストなども存在しますので，軸のとりかたには注意が必要となります）．

　もう一つ大事なことは，このラティマー図もエプスワース図（フロストダイアグラム）も，系が平衡状態にあるときの相互関係について論じた結果として導き出されたものであることです．反応速度が極端に遅くなっている場合では，必ずしもこの通りにはならないこともあります．たとえば第二セリウム塩は本来なら水を酸化できるほどの高い酸化還元電位を持っていますが，水分子との反応は著しく遅いので，滴定用の標準溶液を調製することも可能なのです．

======================== Tea Time ========================

不均化反応の実例

　銅の酸化物鉱物には赤銅鉱（Cu_2O）と黒銅鉱（CuO）とが知られています．それぞれ$Cu(I)$と$Cu(II)$の酸化物に当たるわけですが，酸に溶かしますと後者はそのまま銅(II)の水和イオン$[Cu(H_2O)_6]^{2+}$の溶液になるのですが，前者は金属銅と銅(II)の水和イオン$[Cu(H_2O)_6]^{2+}$となり，$Cu(I)$の水和イオンはできません．水溶液中で，安定化するような配位子が存在していない場合には，$Cu(I)$の化合物や錯体はまずできないのです．

　黄銅鉱はポピュラーな銅の鉱物の一つで，組成は$CuFeS_2$ですが，この中の銅は$Cu(I)$，鉄は$Fe(III)$であることがわかっています．これが湿潤な大気中に曝されると風化が起きるのですが，その結果まず生じるのは硫酸銅五水塩（胆礬，$CuSO_4 \cdot 5\,H_2O$）と硫酸第一鉄七水塩（緑礬，$FeSO_4 \cdot 7\,H_2O$）で，これが相互に反応すると鉄は$Fe(III)$の水和イオンとなり，一方の銅の方は還元されて金属銅，もしくは$Cu(I)$の化合物（通常は酸化物，つまり赤銅鉱）になります．

　アフリカのケニアやザンビアなどでは巨大な金属銅の塊が鉱山から得られることもあるというのですが，その生成のからくりはこのような不均化反応の結果だと考えられています．

第12講

電位-pH図（プールベイ図）とエリンガムダイアグラム

　われわれが扱う酸化還元反応のほとんどは水溶液中でのものですが，前にも記した過マンガン酸カリウムによる酸化などの化学方程式でもわかるように，この反応には水素イオンが関与することが多いのです．そこで水素イオン濃度を横軸にとって，縦軸に酸化還元電位をとった図面の上に，いろいろな化学種の安定な存在状態を記した図があると便利です．これが電位-pH図，または考案者の名をとってプールベイ図と呼ばれるものです．前項に紹介したラティマー図やエプスワース図（フロストダイアグラム）は，特定の条件における酸化還元電位を比べるのには極めて有効なのですが，もっと広い条件下での変化の様子を知るためにはこの電位とpHとを両軸にとって，いろいろな化学種の最安定存在状態を描いた図（プールベイ図）の方がずっと豊かな情報を与えてくれます．

　この電位-pH図はもともとベルギーのプールベイ（M. Pourbaix, 1904-1999）が，第二次大戦直前に，金属の酸化（錆の形成や腐食）の研究のために作り上げたものでした．縦軸に金属の電極電位，横軸にpHをとって，金属-電解質溶液の系の熱力学的平衡を図示したものです．ですから，厳密なことを申せば，金属と水の系を扱ったものが「プールベイ図」で，非金属元素も含む一般の水溶液系を扱う場合には「電位-pH図（Eh-pH図）」ということになるのでしょうが，テキストによってはプールベイ図で一括している場合もあります．

　水素イオン濃度と酸化還元電位次第で，いろいろな元素の存在可能な化学種が一覧できるというのは，実用上もきわめて有用で，また地球化学や環境問題などを対象とする場合にもしばしば利用されています．通常の場合のプールベイ図は，金属イオン濃度が 10^{-6} M，温度は 298 K（77°F/25℃）．の条件で描いたものです．まず鉄のプールベイ図（図4）を例にとって説明してみましょう．これは「SubsTech」なるウェブページにあった図面をもとにしたものです．

Simplified Pourbaix diagram for iron-water system at 77°F (25°C)

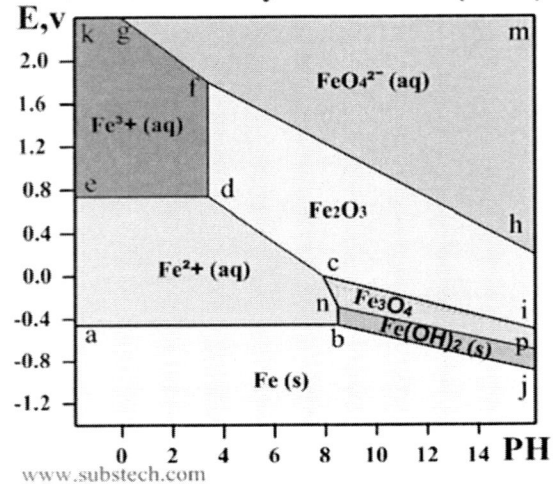

図4 77°F (25℃) における鉄-水の系の簡単化したプールベイ図

- 点 a-b-j を結んだ線よりも下方の部分： 金属鉄が安定な領域である．つまり鉄のイオン化（腐蝕）は起きない．
- 点 a-b-n-c-d-e を結んだ線の内側： Fe^{2+} が安定な領域である．この部分では金属鉄はイオン化して Fe^{2+}(aq) となって溶解する．
- 点 e-d-f-g-k を結んだ線の内側： Fe^{3+} が安定な領域である．金属鉄は溶解して Fe^{3+}(aq) となる．
- h-f-g を結んだ線の上個： 鉄酸イオン FeO_4^{2-} を含む水溶液 (corrosion zone)．
- c-d-f-h-i を結んだ線の内側： 固体の酸化鉄(III) Fe_2O_3 が生成．ここで生じた酸化鉄(III)の膜は丈夫なので腐蝕に抵抗し，いわゆる「不働態」となる．
- n-c-i-p を結ぶ線で囲まれた部分： 固体の四三酸化鉄 Fe_3O_4($Fe_2O_3\cdot FeO$) が生成，同じように不働態となる．
- b-n-p-j を結ぶ線で囲まれた部分： 緑色の固体の水酸化鉄(II) $Fe(OH)_2/FeO\cdot nH_2O$ が生じる．

　簡単化されてもまだこのぐらいいろいろな化学種が存在するのですから，鉄を含む酸化還元系がいかに厄介であるかおわかりいただけるだろうと思います．
　酸化性条件はこの図の上方，すなわち高電位側に，還元性条件は逆に下方の低電位側にあたり，酸性溶液は左側，アルカリ性溶液は右側に位置することになります．
　この図でそれぞれの領域を分けている線は，両方の平衡関係をネルンストの式から計算で求めて得られるものです．すなわち

$$E = E^\circ - (0.059/n) \times \log C_{\text{ion}}$$

ここで E° は標準電極電位，n は反応に関与する電子の数，C_{ion} はイオンの活量濃度(M)を示しています．

ところで，図4では，金属とそのイオンのほかに関与するイオンが水素イオンと水酸化物イオンだけの場合だけに限られていますが，ほかのイオンが存在して錯形成が起きる場合にはまた様相が違ってきます．また，複核のイオンや沈殿が生成する場合には，濃度の影響が現れてきます．このあたりには十分に留意しておく必要があります．まずはそれぞれの領域がどのような化学形に対応しているかをまとめておきます．なおここでは「腐蝕」という昔風の文字遣いをしていますが，これは受験化学用のテキストのように「腐食」に統一してしまうと，この本の読者のように，狭い高校化学の分野に限らない領域を対象とされる方々にとっては，生物学の方で使うまったく別の意味の「腐食」(英語だと saprophagous と混同が起きやすいからなのです)

プールベイ図において，水平方向の境界線は，pH に無関係，つまり水素イオンも水酸化物イオンも関与しない酸化還元反応を表現しています．垂直方向の境界線は電子の授受を伴わない反応(酸塩基反応)に対応しています．斜めの直線は pH に依存する酸化還元反応であることがわかります．

水自体も酸化剤や還元剤として反応に関与できます．もちろんそれなりの条件が必要なのですが，電気分解の際には，陽極側で酸化されて酸素が生じ，陰極側では還元されて水素が発生することはご存じでしょう．この両方の反応それぞれについての平衡電位の pH 依存性をこの電位-pH 図上に示すと，それぞれ右下がりの直線となり，この間が水の安定に存在可能な領域となります(図5)．たとえばフッ素のように強力な酸化剤だと，水を酸化することが可能なこともわかります．この上の線は

$$O_2 + 4\,H^+ + 4\,e^- \leftrightarrows 2\,H_2O$$

下の線は

$$2\,H^+ + 2\,e^- \leftrightarrows H_2$$

の平衡を表し，この2本の右下がりの直線に挟まれた部分が水の安定に存在可能な領域ということになります．

もっと詳しいことをお望みの方のためには，産業技術総合研究所地質調査総合

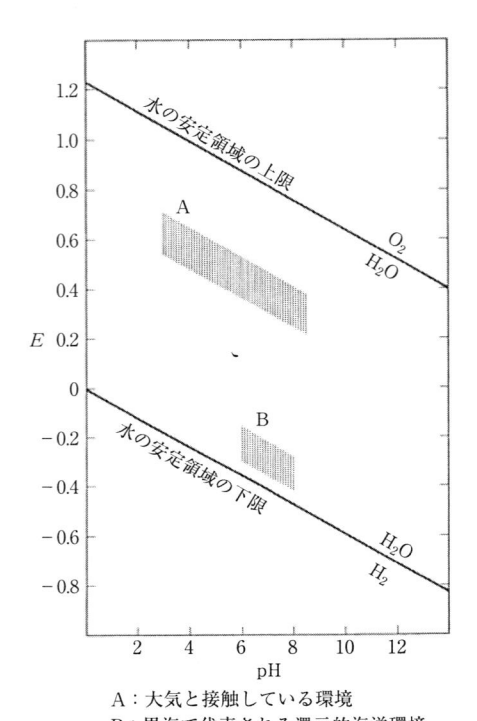

図5 水のプールベイ図上に表した天然環境
A：大気と接触している環境
B：黒海で代表される還元的海洋環境
(一国雅巳『無機地球化学』, 培風館, 1972年, 97頁より転載)

センターの研究資料集（No. 419）に，竹野直人氏による多数の元素についてのEh-pH図アトラスがまとめられています（エリンガムのダイアグラム：www.gsj.jp/GDB/openfile/files/no0419/openfile419j.pdf）.

しばらく前の「化学グランプリ」の問題に取り上げられたこともあるエリンガムのダイアグラム（Ellingam diagram）も，酸化と還元についての重要な情報を与えてくれるものです．これは縦軸にギブスエネルギー変化，すなわち標準生成自由エネルギー（ΔG），横軸に温度（本来は絶対温度をとるべきなのですが，摂氏温度で目盛ってある例も少なくありません）をとって，酸素との反応によるΔGの変化をプロットしたものです．当然ながらΔGが下にくるものほど酸化物

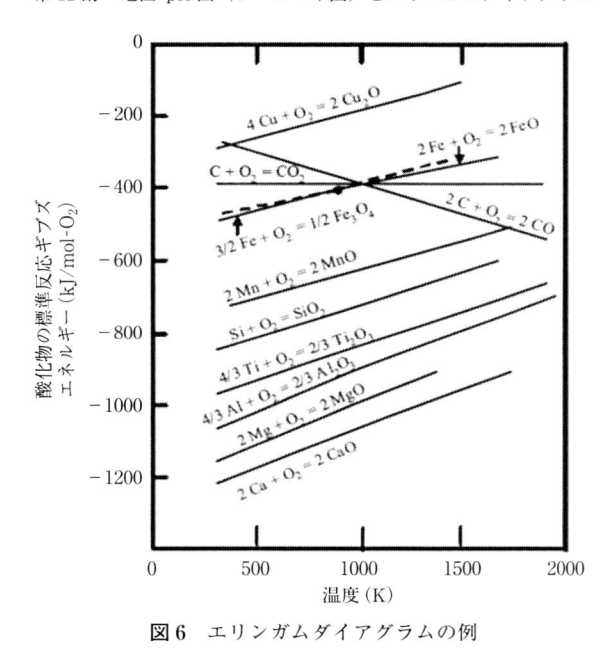

図6 エリンガムダイアグラムの例

として安定，つまり酸素を除いて（還元して）単体とするのが難しくなることがわかります．

巻末に記した「簡単な化学熱力学」のところもご参照くだされればおわかりになると思うのですが，ここに現れる線の勾配，すなわち（$\partial \Delta G/\partial T$）は定義から$-\Delta S$，つまりエントロピー変化に等しくなります．炭素の酸化（二酸化炭素の形成）の場合，この温度によるΔGの変化はほとんどなく，ほぼ水平の直線となりますが．これは1モルのCO_2のエントロピーが，1モルの炭素と1モルの酸素（O_2）のエントロピーの和とほとんど等しいため，$\Delta S \fallingdotseq 0$となるためです．

同じように硫化物や塩化物についてのエリンガムダイアグラムも作られています．これらは金属精錬の際の貴重な情報を提供してくれるものですが，古典熱力学的な平衡状態についてのデータから求められたものなので，実際に反応の進む速さについては何も教えてくれません．このダイアグラムから見ると，たとえば酸化銅（II）（CuO）は0℃でも炭素で還元可能なはずなのですが，実際に還元反応を進ませるには500℃ぐらいに加熱してやる必要があります．

硫化物鉱石の場合には，焙焼操作で酸化物に変化させてから精錬を行う例が少なくありません．このためには硫化物の酸化を同じようにエリンガムダイアグラムで表したものも作られています．

「冶金の曙」というウェブページの資料編にはこれらのいろいろなエリンガムダイアグラムがまとめて記載されているのでご参考になるでしょう．アドレスは下記の通りです．

http://geocities.jp/e_kamasai/shiryou/d-base/ellingam.html

化学グランプリで使われたエリンガムダイアグラムは図6のようなもので，横軸が絶対温度目盛になっています．

═══════════════════ Tea Time ═══════════════════

酸素不足の水系：黒海

トルコとウクライナの間に位置する「黒海」は特異な水系の海です．もともとギリシャ語では「ポントス・エウクセイノス（客人を歓待する海）」といっていたそうです．地中海に比べると荒れることが少なかったためと言われます．現在の名称はトルコ語の「karadeniz」の訳に当たるのですが，別に海の色が黒いわけではないのです．上層（水深200mほどまで）は，流入する大河川（ドナウ，ドニエストル，ドンなど，いずれもヨーロッパ屈指の大河です）の影響のために低密度，低塩分濃度の海水になっていますが，200mよりも深い部分は，ボスポロス海峡から流入する地中海の高塩濃度の海水で，この両層の間にはあまり混合が起きません．このため深層水では酸素が著しく不足していますから，嫌気性バクテリアによって硫化水素が発生し，海水中の鉄イオンと結合し黒色の硫化鉄を生成することになります．つまり酸化形の表層水系と還元形の底層水系が重畳しているわけなのです．

河川水から流入するマンガン分は，海洋の場合には低層水にまで酸素が含まれているので，MnO_2の形で沈殿します．これが「マンガンノデュール」の生成する一つの要因でもあるのですが，黒海の場合には，上層水中からはこの形の粒子となって沈降しても，やがて還元性の（低酸化還元電位の）低層水に逢うと，再び還元されて$Mn(II)$となって再溶解してしまうことになります．低層水のS^{2-}の濃度は，MnSを沈殿させら

れるほど高くはないけれど，FeS は沈澱可能なのです．この深層水の酸化還元電位と pH は，前の水の電位-pH 図の中に斜線で示してあります．

第 13 講

酸化還元電位を測るには

　普通の分析化学の実験などでは，酸化還元電位の測定は特別な場合を除いてはあまり行われません．水素イオン濃度（活量濃度）の測定と同じように，電極を用いて電位差を測ればいいわけですが，酸化還元滴定の場合，過マンガン酸滴定やヨウ素滴定の場合には，試薬の着色の変化が利用できるので，終点の検出にわざわざ電気的な測定を行わなくとも済むからなのです．もちろん指示薬を利用する方法もありますが，その種類も中和滴定や沈澱滴定などに比べるとかなり少数です．それでも重要ないくつかのものについては，変色領域と色の変化について巻末資料の表にまとめておくことにします．

　なお，酸化還元滴定に際しては，過剰の酸化剤のために着色した色素が分解して無色になることで終点を検出することもあります．たとえばアンチモン（Sb(III)）の臭素酸塩による滴定（塩酸酸性溶液中で行います）などでは，メチルオレンジを添加しておき，終点で Br_3^- が生じると，色素の赤色が瞬時に消えてしまう（当然非可逆ですが）ことを利用します．

　ただ，微生物の培養とか，天然水や土壌の性質の検査などの場合には，この酸化還元電位をきちんと測定するのが必要となる場合が少なくありません．あとで出てくる「嫌気性微生物の培養」などの場合には，還元性の条件にした培地を使用する必要があります．このような場合には，酸化還元電位計（ORP 計ということもあります）を必要に応じて利用します．これは通常は平滑白金板電極と参照電極が一対となった微少電圧計で，得られた示度（通常は mV 単位）から参照電極の電位を差し引いた値が試料の酸化還元電位となります．実物の写真は図 7 に示しておきました．土壌の場合にはほとんどが存在している鉄の酸化状態，つまり Fe(II)/Fe(III) の比によって決まるのですが，それ以外の場合には空気中の酸素や共存する有機物などや，温泉水などでは硫黄分の存在状態などいろいろ

なものの影響があります．最近では飲用水の酸化還元電位を問題にする向きもありますが，普通の上水（水道水）の場合，微量の残留塩素の存在のために，本来はかなり高い電位を示すのが普通です（もし逆に低かったら，有害微生物が繁殖しているとか，硫化水素分が溶解している可能性すらあります）．ですから一部の大先生方による「高い酸化還元電位の飲用水は有害」などというご託宣は，われわれの体に対してのリスクアンドベネフィット（有益/危険度解析）の面から見ると，大いに疑わしく「トンデモ科学」のご託宣にしか思えません．

現在の酸化還元電位計では，飽和塩化カリウム溶液を用いた銀/塩化銀電極を参照電極として用いているのが大多数のようです．この標準水素電極（NHE）との電位差は25℃で +199.0 mV なので，実際に測定した試料の標準水素電極との酸化還元電位差（Eh）は，この差の分を加算して求める必要があります．

pH 測定の場合には，標準溶液による示度の較正が必要となります．酸化還元電位の場合にも電位差計の示度が電極の汚れの影響を受けていないことをチェックするために，何種類かの標準液が定められています．よく用いられる標準液としてはライト液（Light's solution），ゾーベル液（Zobell's solution）のほか，キンヒドロン（キノンとヒドロキノンの1：1分子化合物）を用いる較正が行われます．我が国ではキンヒドロンを使う例が多いようです．

ライト液は 0.10 M のモール塩（硫酸鉄(II)アンモニウム六水塩）と 0.10 M の鉄明礬（硫酸鉄(III)アンモニウム十二水塩）を 1.0 M の硫酸中に含む溶液で，飽和の銀/塩化銀参照電極との電位差は 25℃において +476±5 mV となるはずです．これは Fe^{2+}/Fe^{3+} の酸化還元対の示す E^0 にあたります．

ゾーベル液は 0.0033 M の $K_3[Fe(CN)_6]$（ヘキサシアノ鉄(III)酸カリウム，赤血塩）と，おなじく 0.0033 M の $K_4[Fe(CN)_6]$（ヘキサシアノ鉄(II)酸カリウム，黄血塩）を含む 0.1 M KCl 水溶液で，$[Fe(CN)_6]^{4-}/[Fe(CN)_6]^{3-}$ 酸化還元対を利用しています．こちらの飽和銀/塩化銀参照電極との間の電位差は +229±5 mV となるはずです．

ゾーベル液の酸化還元電位は pH の影響を受けませんが，ライト液の方は，先のプールベイ図を参照下さればおわかりのように，pH が上昇するといろいろと厄介なことが起きるので，強い酸性にしてあります．この両者とも調製してから1ヵ月ほどは安定に保存ができます．

キンヒドロンは，パラベンゾキノンとヒドロキノン（p-ジヒドロキシベンゼン）からできている分子化合物（難しい用語では「電荷移動錯体」といいます）で，キノンが酸化形，ヒドロキノンが還元形にあたります．この酸化還元系はよく下のように表現されます．

$$Q + 2H^+ + 2e^- \leftrightarrows H_2Q$$

したがって，酸化還元電位は

$$E = E^0 + 2.303 \frac{RT}{2F} \log\left\{\frac{[Q][H^+]^2}{[H_2Q]}\right\}$$

のように書け，水素イオン濃度（活量濃度）の影響を受けることになります．キンヒドロンがもともと組成 1：1 の分子化合物なので，この飽和水溶液（常温の水には 0.4％ 程度しか溶解しません）でも [Q]＝[H$_2$O] が成り立っているはずですから，ヒドロキノンの解離が無視できる領域（つまり pH が 8 以下）ならば，水素イオン濃度（つまり pH）によって酸化還元電位がきちんと定まることになります．通常はフタル酸緩衝液（pH ＝ 4.01）を使って較正をします．平滑白金板電極は汚れやすいので，きちんと信用のおける値を得るにはこのチェックをしばしば行う必要が生じます．なお，この飽和溶液は不安定なので，較正の一回ごとに使い捨てることになります．でもこれは逆に考えると，野外測定などの場合に，保存中に分解する可能性のあるライト液やゾーベル液よりも，そのたびごとに手軽にきちんと調製できるものの方が信頼がおけるために愛用されているのだろうと思います．

　上記のようにキンヒドロン電極の電位は水素イオン濃度の影響を受けますので，異なった pH の緩衝溶液での，いろいろな温度における酸化還元電位の指示値を表にしたものがありましたので，引用しておきます（表 3）．

　実際の測定に際しては，そのときの温度において指示値が表 3 の値の ±10 mV 程度の範囲内にあることを確認する必要があります．大きくずれている場合には，白金電極の表面を清浄にしてからもう一度較正し直すことになります．

表3 上記の電極における各温度での指示値 (mV)

温度 (℃)	フタル酸塩 pH 4 ＋キンヒドロン	中性リン酸塩 pH 6.8 ＋キンヒドロン
5	274.2	111.9
10	270.9	106.9
15	266.8	101.0
20	262.5	95.0
25	257.6	89.0
30	253.5	82.7
35	248.6	76.2
40	243.6	69.0

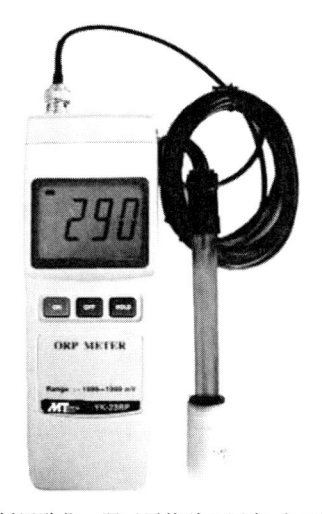

図7 水質分析用酸化・還元電位計の写真（マザーツール社のもの）

ただ，それほどの精密な値が必要とされない場合には，酸化還元指示薬を利用することになります．ベロウソフ-ジャボチンスキー反応（B-Z反応）や，細胞内の酵素検出，あるいは嫌気性微生物の培養に用いる培地の調製時などでは，それぞれにふさわしい指示薬を選択して用います．高校の文化祭などで一時期よく見られた「マジックボトル」などもこの指示薬の利用です．

= Tea Time =

マジックボトルと交通信号フラスコ

　その昔の高校などの学園祭の化学関連の出し物の定番の一つに「マジックボトル」というものがありました．グルコースの水酸化ナトリウム溶液にメチレンブルーを加えて密栓したフラスコがタネで，作ってしばらく放置するとメチレンブルーの濃い青色は消えて無色になるのですが，これを激しく振ると再び青色に着色します．放置すると再び色は消えます．何度も繰り返して変色を見ることができます．

　これは瓶の上部の空間の中の酸素が，グルコースと反応するのを利用するのですが，酸素が水溶液中に余分に残っているときには，メチレンブルーが酸化形の青色を呈し，酸素がグルコースと反応してゆっくり消費されると，溶液の酸化還元電位が低下して還元形となり，見たところ無色（つまりロイコ形）になるのを利用しています．同じように細胞染色用のサフラニンTを用いることもありますが，こちらは，酸化形は濃い赤色，ロイコ形は薄い赤色となるので，デモンストレーションには迫力に欠けると言われる経験者も居られました．いまならPETボトルを使う方がネジ蓋で密栓も容易だし，破損することもあまり心配せずに済みます．何度も振り混ぜて変色させたあと，蓋をゆるめるとかなりの勢いで空気が吸い込まれるのがわかります．

　これをタネとして作られたテキストとして，もうそろそろ半世紀ほど昔になりますが，大阪大学の千原秀昭先生がお訳しになって東京化学同人社から刊行された，『化学反応はなぜ起こるか』(J. A. Campbell 著, 1984年) というのが出ていました．さすがに絶版になりましたが，名著と言われたものなので，揃えている図書館も少なくないはずですから，機会があったらご一覧になるのも悪くないでしょう．

　最近の学園祭のデモンストレーションには，これの改良型とも言える「交通信号フラスコ」というのがよく出てきます．これはグルコースのアルカリ性水溶液に酸化還元指示薬としてインジゴカーミンを加えたものです．インジゴカーミンは細胞の染色に使ったりするので，化学よりも生物の実験室でお馴染みのものですが，この色素は酸化形は青色，還元形は黄色（ロイコ形）です．

　インジゴ自体は水に溶けないことは本文にも記してあるとおりですが，インジゴカーミンはインジゴのジスルホン酸誘導体なので水に可溶です．これはアルカリ性で二電子還元を受けてロイコ形になるのですが，これがゆっくりと酸化されると，青色の酸化形になる途中で一電子還元体ができ，これが赤色を呈するのです．

第14講

電池と電気分解：化学エネルギーと電気エネルギー

　歴史的に考えると，ほんとうはこちらをラティマー図などよりも先に解説する方がまっとうなのかもしれませんが，やはり身の回りの具体例を紹介してからの方が理解には楽だろうと思われるので，ここで述べることにします．

　イタリアのヴォルタが，2種類の金属の板を使って，この間に食塩水を浸した紙やフェルトを挟み，このユニットを何段も重ねることで，かなりの電位差を発生させることに成功したのは1800年のことでした．これがヴォルタの「電堆 (electric pile)」と呼ばれるものです．いわば今日の電池の祖形であります．これはつまり化学エネルギーと電気エネルギーとが変換可能であることを現実に示してくれたことになります．

　酸化と還元は電子の移動ですから，溶液を二つの部分に仕切って，それぞれの部分で独立に電極と溶存イオンとの反応が起きるようにし，この二つの部分の間でイオンによる電荷のやりとりができるように，塩化カリウム水溶液を満たした逆U字形の管で連結をして，二つの電極の間を導線で連結すると，閉じた回路ができるので，電流が流れることになります．これが電池になるわけで，二つに分けたそれぞれの部分は「半電池」，両方の半電池を連結する逆U字管のことを「塩橋」といいます．

　もちろん電流の流れる向きは電子の移動方向とは逆になるのですが，これは残念ながらベンジャミン・フランクリンが電荷の符号を決めてしまって何百年にもなるので，今更変えられないのです．塩橋の代わりに素焼き製の膜や筒を隔膜として用いることもありますが，要は両極付近の電解液が相互に簡単には混じらぬようにして，内部でのイオンによる電気伝導だけが起こるようになっていればよいのです．

　以前アメリカなどで電話用の電源として用いられた「重力電池」は，ダニエル

電池の一変形なのですが，正極側の飽和硫酸銅溶液と，負極側の希薄な硫酸亜鉛溶液とに大きな比重の差があることを利用して，この塩橋や隔膜を使わずに済むように工夫されたものでした．もちろん振動には弱いので，地震なんかあったらひとたまりもありません．

水の電気分解

前にも触れた水の電位-pH 図で，上と下の 2 本の斜線の間隔よりも大きな直流の電位差を両極間に印加しないと，電気分解で水素と酸素を生じさせることはできません．しかも実際に電気分解を行う際，電極の材質や表面の状態などで，見かけ上逆方向の起電力が発生する場合（「分極」とも言います）があり，このためには余分な電位差を掛ける必要があります．この余分な電位差（電圧）を「過電圧」というのですが，水素の過電圧と酸素の過電圧についての表を掲げておきましょう（表 4）．

電気分解の場合には，この過電圧はできるだけ小さい方が望ましいわけで，工業用の電気分解の場合のアノード材料としては特に酸素の過電圧が小さくなるように材料や形状の設計が必要となります．一方，電池の電極としては酸素過電圧の大きい方が望ましいとされています．

表 4　いくつかの金属の過電圧の大きさの表

水素過電圧（V）		酸素化電圧（V）	
白金（白金黒付）	0.005	金	0.52
金	0.02	白金（平滑）	0.44
白金（平滑）	0.09	パラジウム	0.42
銀	0.15	カドミウム	0.42
ニッケル	0.21	銀	0.40
銅	0.23	鉛	0.30
パラジウム	0.46	銅	0.25
カドミウム	0.48	鉄	0.24
スズ	0.53	白金（メッキ）	0.24
鉛	0.64	コバルト	0.13
亜鉛	0.70	ニッケル（平滑）	0.12
水銀	0.78	ニッケル（海綿状）	0.05

電気化学分析の一つで，その昔の微量金属分析に欠かせなかった「ポーラログラフィー」は，水銀電解法の変形とも言えるものですが，水銀の水素過電圧が著しく大きいために，いろいろな金属元素の還元波を容易に観測できることを活用した方法でした．

これとさきのラティマー図やプールベイ図との関係をきちんと説明するには，やはり化学熱力学の解説が必要となるのですが，ちょっとややこしくもあるので，巻末の参考資料のページにまとめました．必要に応じてご参照くださればよろしいと存じます．

================ **Tea Time** ================

宇宙ステーションでの酸素補給

閉じた空間に長期間人間が滞在するためには，当然ながらそれなりの物資が必要となります．生存に不可欠な酸素はどのようにして得ているのでしょうか？

定常的な必要量は，ありあまる太陽光のエネルギーを利用して，水を電気分解することで得られる酸素で賄っているのです．でも機械のこと，いつ故障するかわかりませんし，アクシデントで急激に空気漏れが起きたり，臨時に滞在人員が増えたりするとこれでは足りなくなることもあります．その際には，航空機の酸素マスクと同じような応急処置が必要となります．この際に利用されているのは過塩素酸リチウム（$LiClO_4$）で，小さな棒状の容器にいれてあり，非常の際には紐を引くことで，摩擦や接触熱を利用して分解させ，瞬間的にほぼ600 Lほどの酸素を発生させることが可能となっています．

第15講

ファラデーの法則

　電気の作用を化学に応用したのは，ニコルソン（W. Nicholson, 1753-1815）とカーライル（Sir A. Carlisle, 1768-1840）による水の電気分解が最初だと言えるのですが，その後融解した塩類などに直流電気を通じることで，それまでは不可能と思われていた新しい金属の単離を精力的に行ったのは英国のデーヴィー（Sir H. Davy, 1778-1829）でした．デーヴィーは，融解した水酸化カリウムから金属カリウムを単離し，同じように融解水酸化ナトリウムから金属ナトリウムを単離したのですが，「金属カリウムに比べると，同じ量の金属ナトリウムを得るにはずっと沢山の電気が必要となる」と記録しています．

　その後，デーヴィーの高弟であったマイケル・ファラデー（M. Faraday, 1791-1867）は，1833年にもっと一般化した形での「電気分解の法則」を提案しました．つまり

「電気分解によって，陽極や陰極に析出したり化学変化を起こしたりする物質の量（つまりモル数）は，流れた電気量に比例する．また，一定の電気量を流したときに電極で変化する物質の量は，イオンの種類にはよらず，イオンの価数に反比例する」

というのです．
　ここで，電極で変化する物質の量を電子1モルに相当する量に換算したものが「電気化学当量」と現在でも呼ばれているものです．分析化学で永年使われてきた「当量」という言葉は，もともと水素イオン1モルと反応する物質の重量という意味でしたが，やがて拡張されて電子1モルに相当する物質の量（酸化還元当量）としても使われるようになりました．
　現在では化学のテキスト類にはこの「当量」という言葉はほとんど登場しなく

なってしまいました（医学や薬学などの関連した分野では，世界的にも相変わらず使用されているのですが）けれども，ここにだけはきちんと残っているのです．

電子1モルに相当する電気量は「ファラデー定数」と呼ばれます．受験化学では96500クーロンとされていることが多いのですが，現在ではもっと正確に何桁も求められています．2010年にCODATA[*]が認めた値は96485.3365(21) C mol^{-1} となっています．この値を単位電荷で割ることによってアヴォガドロ定数を精密に求めることもできます．この電気量の値を「1ファラデー」と呼ぶこともよくあります．

ここでの電気量（クーロン単位）は，電解セルに流した電流値（アンペア単位）と流した時間（秒単位）の積になります．流した電気量と電極に析出した物質の質量とは比例しますから，硝酸銀の水溶液を用いて電気分解を行わせると，陰極に析出した銀の質量から，この電解槽（電解セル）に流れた電気量が求められます．これが「銀電量計」にほかなりません．

ナトリウム(Na)，マグネシウム(Mg)，アルミニウム(Al)の三元素は周期表でも隣り合っていて，原子量は概略値だとそれぞれ23，25，27となっていますからそれほど違いません．ですがそれぞれの価数を考えると，Naは1価，Mgは2価，Alは3価なので，それぞれの電気化学当量は，Na：23，Mg：12.5（＝25/2），Al：9（＝27/3）となります．つまり同じ1ファラデーの電気量を流しても，得られるそれぞれの金属の質量は，ナトリウムの23 gに対してマグネシウムは12.5 g，アルミニウムは9 gだけです．350 mLのジュースやビールの缶の重さは18 gほど，500 mL缶は20 gほどですが，我が国のアルミニウム缶の生産量は，2009年のデータだとおよそ182億缶，重量にして27.1万トンなので，これが全部電解法で製造されているとしますと膨大な量の電気量が必要となることはおわかりでしょう．しかも我が国の金属アルミニウムの用途は，この飲料缶のほかにも建築材料（サッシなど），輸送用（自動車，航空機，新幹線の車両など），電気部品，アルミ箔（フォイル）などたくさんあり，飲料缶用は全

---

[*] Committee on Data for Science and Technology（科学技術データ委員会）．国際科学会議（ICSU：旧名 国際学術連合）によって1966年に設立された学際的な科学委員会で，科学と技術に関するあらゆるデータについて，その質，信頼性，管理，検索性の向上を行っている．

体のほぼ20％ぐらいだそうです．そのために金属アルミニウムのリサイクルが熱心に行われるようになりました．

=== Tea Time ===

化学当量と原子量

　もともと化学の世界では，原子量よりも当量の方がずっと信頼できる値と見なされてきた歴史があります．メンデレエフが周期表を最初に作ったときには，インジウムの原子量は75，ウランの原子量は116とされていて，現在とは違う位置にありました．当時は，インジウムは2価，ウランは3価の元素だと考えられていたからであります．メンデレエフは自分の直感に基づいて，インジウムは3価，ウランは6価だと考え，それぞれの原子量を113，232として新しく周期表を作り直したのです．この原子量の改訂に際しては，あまりにも独断的であると非難囂々だったそうですが，結果的にこれが正しいことが認められました．もっともこの当時の周期表では，ウランはタングステンの下に置かれていました．

　そのために，物理化学者以外の化学の専門家や，薬学，医学などの分野では今でも「当量」を愛用しています．これは世界中での現象で，その一つの現れで，IUPACでも認められているものが「電気化学当量」なのですが，受験化学のテキストでは実用性をまったく考慮していないため，教科書にはのらなくなっただけのことです．

第16講

電解製造・電解精錬

われわれの身の回りで，よく「電気の缶詰」などと呼ばれているものにアルミニウム製品があります．金属アルミニウムはもともと化学的に調製するのが大変なものでした．フランスのナポレオン三世（在位：1852-1870）は，当時のニューマテリアルであった金属アルミニウムで食器（カトラリー）をつくらせ，通常の客人には銀製品，もっと高貴な賓客にはこのアルミニウム製品のナイフやフォークなどを提供したということです．この時代には無水の塩化アルミニウムを金属ナトリウムや金属カリウムで還元してつくっていました．金属ナトリウムによる還元法で工業的に金属アルミニウムの生産を可能としたのは，フランスのアンリ・サント=クレール=ドヴィーユで，かれはまず金属ナトリウムを電気分解によらずに大量に生産する方法を考案し，これによっていろいろな塩類を還元して金属を製造したのです．アルミニウムもその一つでありました．

金属アルミニウムを得るには，加熱して融解させた氷晶石（ヘキサフルオロアルミン酸ナトリウム Na_3AlF_6）中に精製したアルミナを溶解させて，これに直流電圧を炭素電極を用いて印加します．この時の反応は

$$Al_2O_3 + 3\,C \rightarrow 2\,Al + 3\,CO$$

となります．陽極側で発生した酸素が炭素電極と反応して一酸化炭素を生じるのです．

現在の我が国で年間に消費されるアルミニウム缶の量は，2009年の報告によると27.1万トンだということです．この製造に必要な電気量 Q を計算してみましょう．アルミニウムの電気化学当量は $9\,g/F$ なので，

$$Q = 27.1 \times 10^4 \times 10^6 (g)/9(g/F) = 3.01 \times 10^{10}(F) = 2.9 \times 10^{15}(C)$$

この電気分解に必要な電解電圧は 4.0〜4.2 V ですから，これと今の電気量を掛けると，1 年間にわれわれが消費する金属アルミニウムの缶を製造するのに必要な電力が計算できます．つまり 1.2×10^{16} Ws＝3.38×10^{9} キロワット時（kWh）となります．つまり年間 27.1 万トンの金属アルミニウムを作るには，33.8 億キロワット時，無休で連続運転するとして毎時 38.5 万キロワットが必要という計算になります．金属アルミニウムの用途はこのほかにもいろいろあるので，飲料缶は全体生産量のおよそ 20％だけなのですが，それでもこんなに電力が必要なのです．全金属アルミニウム生産量に換算すると毎時 200 万キロワットが消費される計算になります．これですから，アルミニウムが「電気の缶詰」といわれるのも無理はありません．

　東日本大震災以後の節電ムードで，電力会社は供給可能な電力のグラフを日々ホームページに掲載していますが，2011 年までは東京電力の場合 5000〜6000 万キロワット時でしたから，この計算通りだとアルミニウム精錬だけで全国の全生産電力の数％を占めることになります．我が国の工業用の電力の価格は，世界的に見ればまだそれほどべらぼうに高価ではありませんが，インドネシアやカナダやオーストリアのように安価な水力発電で賄っているところよりはどうしても割高につきます．おまけに石炭や石油，天然ガスなどの供給を海外に仰いでいると，政情不安な国々からのものは価格が乱高下して，結果的にかなり割高になってしまいます．

　この電力コストのかなり急激な上昇のため，我が国の各地に以前は多数あったアルミニウムの精錬工場はどんどん閉鎖されてしまいました．中には工場設備を丸ごとインドネシアに売却した例すらあります．ただ，一旦金属アルミニウムにしたあとならば，再生には加熱して再融解精錬するだけですから，必要な電気エネルギーもずっと少なくて済みます．そのために我が国ではアルミ缶のリサイクルに以前からかなりの力を注いできました．2009 年にはリサイクル率が 93.4％と，ドイツやノルウェーなどと肩を並べるほどの世界のトップクラスになりました（英米仏伊などの有名国でも軒並み 40〜50％程度）．

　でも，アルカリ金属元素のような反応活性の大きな金属の調製にはやはり電気分解法によらなくてはなりません．金属ナトリウムや金属リチウムなどは融解塩の電気分解で作られています．金属ナトリウムを得るには，塩化ナトリウム単独

では融点が高すぎる（801℃）ので，塩化カルシウムとの混合融解塩系（融点600℃ほど）を用い，陽極に鉄，陰極に炭素を用いて電気分解を行います．生成した金属ナトリウムは液状なのでポンプで汲み出し，消費された分だけ塩化ナトリウムを追加して，連続的に生産が行えます．この条件では金属カルシウムは析出しないのです．

高純度の銅を得るにも電解精錬法が用いられています．銅の電解精錬には，硫酸銅の水溶液に，普通の鉱石を精錬して得られる粗銅（純度99％程度）と，純銅（純度99.99％以上）を浸し，粗銅の方を陽極として0.5 V程度の直流電圧を掛けて電気分解を行うのです．鉄やニッケルなどは電解液中に溶けてしまいますが，銅よりも貴な金属である銀や金，白金族元素などは陽極から脱落して，底の方に泥状に溜まります．これが「陽極泥」と呼ばれ，貴重な貴金属資源です．我が国の金地金の産出量は年間8トン程度，もちろん鹿児島の菱刈金山からの産出もありますが，かなりの部分はこの銅精錬の副産物から得られているとのことです．

=== Tea Time ===

ホール-エルー法

融解氷晶石中に酸化アルミニウムを溶かして電気分解するこの方法は，アメリカのホール（C. M. Hall, 1863-1914）とフランスのエルー（P. Heroult, 1863-1914）が時を同じくして1886年に発見したものです．

ホールは当時アメリカのオバーリン大学（Oberlin College）の学生でした．化学のジュウェット教授（F. F. Jewett, 1844-1926）が講義でされた話にヒントを得て，自分の家の納屋で実験を繰り返して成功したというのが語りぐさとなっています．ジュウェット教授は，明治の初めに来日して，東京帝国大学で工業化学を教授した先覚者の一人です，若い頃ゲッティンゲンのヴェーラー（金属ナトリウム還元法で最初に金属アルミニウムを得た）の研究室に留学し，1880年に日本から帰国した後，オバーリン大学に勤務していました．ホールはその後，今日で言うベンチャービジネスとしてPittsburgh Reduction Companyを作り，金属アルミニウム製造を始めました．この会社は後（1907年）にAluminum Company of America（Alcoa）という大会社となりました．もちろんフランスのエルーとの間に特許問題で訴訟が起きたのですが，最終的に「ヨーロ

ッパでの特許はエルーに，アメリカでの特許はホールに帰属する」と言うことで決着したそうです．

　なお，東京都町田市にある桜美林大学はこのオバーリン大学の姉妹校だそうです．

第17講

表面処理，不動態（不働態）

　アニメの「宇宙戦艦ヤマト」のエピソードの中に，ガミラス星の強力な磁力で引き寄せられた宇宙戦艦ヤマトが，濃硫酸の海に落ち，外壁が溶解しはじめて大騒動になるという筋立てのくだりがありました．磁力に引きつけられるのですから，ヤマトの艦体は軽金属材料ではなくて鋼鉄製ということになりますが，そんなものを宇宙空間で飛び回らせるのは，よほど強力な駆動エンジンがなくちゃできません．

　それはともかく，アニメのシナリオライターに化学に関する常識など期待してはいけないのかも知れませんが，実は鉄は濃硫酸には溶けないのです．その証拠でもありますが，我が国の鉄道貨車のなかには濃硫酸輸送専用の鋼鉄製のタンク車があり，鉄道ファンの中でも貨車ファンの間では「硫酸タキ」などと呼ばれて珍重されていました（この「タ」はタンク車，「キ」は貨車の規格（積載荷重25t以上）を示す略符号です）．でも近年，濃硫酸の列車輸送が激減してしまい，もう現役車両としては残っていないかも知れません．

　金属鉄を濃硫酸や濃硝酸の中に浸すと，最初はわずかに溶解しますが，まもなく反応が停止してしまいます．表面に強固で反応性に乏しい酸化鉄の薄い膜が生じ，電子の授受（つまり酸化還元）がそれ以上起きなくなってしまうのです．このような処理法を「passivation」というのですが，日本語では「不働態化」と訳されていました．なお最近では「不動態」の方が学会制定用語になっているようですが，昔風の用語も相変わらず使われているので，ここでは由緒ある方の文字を使うことにします．

　不働態は別に鉄だけで見られるわけではありません．我が国の誇るべき発明の一つであるアルマイトは，アルミニウムの陽極酸化処理によって表面に堅牢な被膜を作らせ，これによって内部への侵蝕の進行を防止しているのです．同じよう

にアルミニウム箔の表面に生じさせた酸化物の薄膜を利用したものには「電解コンデンサー」があります．別名をケミカルコンデンサー（ケミコン）というように化学処理の製品であることがわかります．タンタルやニオブのコンデンサーも，同じように陽極酸化処理によって金属の表面に酸化物の薄膜を作らせたものです．これらの場合には表面に強誘電体としての性質を持つ酸化物の薄い被膜ができるので，サイズが小さいのに静電容量の大きなコンデンサー（キャパシター）を製造することが可能なのです．この酸化物膜の製造法にはいろいろとノウハウがあるらしく，電解液と電極とが直接反応することなく電子のやりとりが上手にできるようでなくてはなりません．某国のさる大企業の生産したテレビ受像器や携帯電話機などが，結構な頻度で爆発するというレポートがあとを断ちませんが，この原因はどうも使用されている電解コンデンサーの性能（今の電解被膜と使用されている電解液）が我が国のものに比べてかなり怪しいためだといわれています．なお，この電解コンデンサー用の電解液の大手メーカー（富山化学工業）の主要工場が，福島県の大熊町（福島第一原子力発電所のすぐそば）にあって，このたびの大震災による原発事故以来生産中止になり，電気業界にかなり大きな影響を与えたのは，マスコミも書き立てませんでしたが，世界的にも結構重大な事件だったのです．

　電気分解で陽極酸化法によって金属被膜を作製するときには，条件を変えることによって被膜の厚さのコントロールができます．そのために，チタンやジルコニウム，ニオブなどでは，この薄い酸化物の層の厚さを変化させて美しい干渉色を出させることも可能です．これは有機色素などによる着色と違って，紫外線に曝されたりしても劣化が起きないので，宝飾品などに珍重されています．

　これは電解処理ではないのですが，同じような不働態生成を利用したものにステンレス鋼があります．別名を不銹鋼（不錆鋼）ともいうように，鉄や鋼の一つの特徴（欠点でもある）でもある錆の生成を止める努力は何千年もの昔から試みられて来ました．現在普通に使われているステンレス鋼は鋼にニッケルとクロムを合金としたもので，空気中では表面に酸化クロムの強固な薄い薄膜が生じるので不働態化し，内部まで錆びることもなく光沢を保っていられるのです．もともと金属クロム自体が不働態を作りやすく，そのためにいろいろな鉄鋼製品をクロムメッキして錆から守ることがよく行われているのですが，ステンレスの場合

にはもともと本体に含まれているクロム分が表面に被膜を作って内部を保護するのです．

═════════════════════ Tea Time ═════════════════════

持ち込み禁止物品

　アルミニウムやステンレス鋼などの表面に生じた酸化物の膜は，微細な穴が開いているので，これを通過できるような試薬があると，たとえステンレスでも侵蝕が始まります．アルミニウムの板（通常ならば表面は酸化アルミニウムの被膜で覆われています）の表面に水銀滴を落とすと，水銀蒸気がこの細孔部を通って下地のアルミニウムと反応してアマルガムを作ります．これは空気中の酸素によって迅速に酸化されるので，やがて被膜は壊れ，アルミニウム板には穿孔が生じてしまいます．高層大気中を飛行するジェット旅客機なんかで，こんな穿孔が出現したら大問題，空中分解が起こっても不思議はないのです．

　航空機に搭乗の際に機内持ち込みを禁じられているもののリスト（もちろん爆発物を持ち込もうなんていう心得違いの連中にはどこ吹く風かも知れませんが）がありまして，その中に体温計や気圧計が含まれています．もちろん現在ではどちらも電子素子応用のものが増えてきたので，以前程厳しくはないそうですが，水銀利用のものは，やはり壊れて水銀滴が機内にこぼれたら大騒動，こんな事が起きたら機体は飛行不可能となり，そんなことをした当人にはものすごい賠償額（1機分でも何億円？）の請求が来るかも知れません．

　実際にアルミニウム板に昇汞水（塩化第二水銀の水溶液，その昔の外科手術などの際のお医者様などの医療スタッフの手や指の洗浄殺菌には不可欠でした）で「字」を書いたらどうなるかを示した写真が，大阪大学名誉教授の加藤俊二先生の御著書『物質の理解』（化学同人，1975年）に紹介されています．昇汞水はアルミニウム板表面の被膜を通り抜けるので，たちまちに還元されて金属水銀を生じ，これがアルミニウムアマルガムを作るので，生成した酸化アルミニウムがもくもくともりあがってきます．

第 18 講

漂白・脱色・発色・染着

　第8講でも触れましたが，布地などを鮮やかに染色したり，また逆に脱色したりする際にも，酸化還元反応が大いに活用されているのです．また，よごれたもののシミ抜きにも活躍しているのはあまり気づかれていないかも知れません．

　このあたりについては，染色技工の専門職である京都の「なをし屋」のホームページ（www.naoshiya-kyoto.com/ryoukin.html）などを見ると，下手な入門化学のテキストよりもずっとくわしい漂白，脱色剤の説明がまとめられています．

　現在ではむかしほど文具店でも見掛けなくなりましたが，インク消しはまさに酸化還元反応（および中和反応）を巧みに利用して，ブルーブラックインキで描かれた文字を消去できるように工夫されたものです．普通には1液と2液の二種類からできていて，1液の方はシュウ酸，2液は漂白粉（または次亜塩素酸ナトリウム）の水溶液です．ブルーブラックインキは，鉄(II)の塩（硫酸第一鉄かモール塩）とタンニンあるいは没食子酸の混合溶液に青色系の染料を加えたものですが，紙に書くと鉄(II)イオンが空気中の酸素で酸化されて鉄(III)イオンとなり，これがタンニンや没食子酸と反応して黒色系の不溶性色素となることを利用しています．

　紙に書いた字を消すときには，最初に1液によって鉄(III)イオンを還元して水溶性とし，吸取紙で液体を除いた後，2液を滴下してタンニンや没食子酸を酸化分解するのです．こうなるともはや着色が元に戻ることはありません．もう一度吸取紙で残っている液を除き，再度1液を滴下して，紙に残っているアルカリ分を中和しておけば，紙の傷みは最小限に抑えることができます．

　赤インキなどの色素インキの場合には，前もって鉄分を還元する必要はありませんから，最初に2液を滴下して，色素を酸化分解することになります．こちらも，脱色したあとの液体を吸取紙で除いたあと，1液を用いて中和処理をすると

いう手順になります.

　染色過程で酸化還元が重要なのは，建染め染料，つまり藍染め（インジゴによる染色）やインダンスレン系統の多環芳香族系の染料による染色の場合です．これらの染料の色素はもともと水に不溶なので（逆にそれだけ堅牢に染め付けが可能なのですが），何らかの方法で水に可溶な形とする必要があります．そのためには強力な還元剤を利用して，いわゆる「ロイコ形」に変えます．インジゴの場合には，ハイドロサルファイト（亜二チオン酸ナトリウム）などを用いることでロイコインジゴ（インジゴホワイト）に変えて染浴をつくり，布地をこの中に浸しては空気にさらして酸化して藍色を固定するという操作となります．昔風の藍染めでは，そんな強力な化学薬品は使えませんでしたから，米糊を木灰の濃い溶液（炭酸カリウムの飽和溶液）に溶かし，糊の澱粉が分解してできるグルコースの還元力を利用しました.

インジゴ（酸化形）
水に不溶

ロイコインジゴ（還元形）
アルカリ性水溶液に可溶

　昔の染め物屋（紺屋）はこのロイコインジゴを溶かした大きな甕に布地を浸し，あとで太陽光の下で空気にさらして固着させる処理を繰り返して堅牢に染め上げていたので，乾き具合や色の固着の度合いなどすべてお天道様任せでした．ですから「紺屋の明後日」ということわざができたぐらいです.

　なお「紺屋の白袴」というのは，本来は染物職人のユニフォームが白地の袴であったためだということです．作業中に不手際をして，藍甕の中の染液の雫がはねると，袴に染みがつくのですぐわかってしまいます．汚さないように作業をするのが職人の誇りでもありました．そういう意味では，医師や薬剤師の着用する白衣と同じような意味合いのものでありました.

　染み抜きのためにはもっと強力な還元剤として，ロンガリットやデクロリン（どちらもホルムアルデヒドスルホキシル酸の塩で，前者はナトリウム塩，後者は亜鉛塩のことです）を使うこともあります．これは還元と同時に分解させるこ

とをも目的としているので，何度も染色を重ねるような場合の色抜きにはこちらのほうがよく利用されているということです．

================ Tea Time ================

紺屋高尾

　人情噺の名作として名高い「紺屋高尾」は，浪曲や芝居にもなっていますが，江戸は吉原の花魁の最高位である三浦屋の高尾太夫と，一介の紺屋の職人との純愛をテーマとしての話です．六代目の圓生や，先頃亡くなった七代目談志などの語りは絶妙でありました．この噺のモデルは，五代目の高尾にまつわるエピソードで，「この高尾の記録から舞台は宝永年間から正徳年間に掛けての江戸であることが推測することができる．」と通常の解説書には記してあるだけですが，実はこのストーリーには粉本があって，「今古奇観」という明代に編まれた小説集にある「賣油郎獨占花魁」（油売りの若い衆が花魁を首尾よくものにすること）の翻案だというのです．実に巧みにできているので，それと指摘されなくてはどこかに源があるとはとても思えないほどです．

　芝居の方では，年季の明けた高尾太夫が職人の勤め先である紺屋へやってきて，店の主人に「ご冗談を」といわれ，染場の藍瓶にザブリと腕を入れて心意気を示す場面があり，一つの見せ場となっています．この藍瓶の中身は，藍玉を木灰と米糊で還元して作った水溶液なので，腐敗臭も加わった得体の知れない液体であるはずです．紺屋の職人は永年これを素手で扱っていますから，石鹸もボディソープもなかった頃のこと，皮膚に藍の色素が染み付いていつも汚れていて，水洗いぐらいでは落ちなかったはずです．このあと，世帯を持った二人はのれん分けをしてもらい，それまでにはなかった「かめのぞき（甕視，瓶覗きとも書くらしい）」という淡い水色の染め物を売り出して大繁盛，めでたしめでたしという結末になります．

　この「かめのぞき」という色に染め上げるには，藍玉からではなくて，刈り取った蓼藍の葉を水に浸して染液を作るのだそうです．いわば「生葉染」にあたるでしょう．歌舞伎で二枚目役が頬被りなどに使う手拭いの色としてよく使われます．別名を「藍白（あいじろ）」ともいうらしいです．

　「賣油郎獨占花魁」のあらすじは次のようである．

　今から八百数十年昔の宋の時代，靖康の変で北宋の都の汴京（現在の開封）が金国の軍勢に

踩躙され，大量の難民が江南の臨安（現在の杭州）へと移住を余儀なくさせられた．この避難の折に，両親と生き別れになったさる大家の令嬢が人さらいの手で色街に売られてしまう．だが，持ち前の才気と美貌のため，数年のうちに都随一の名声を誇る「花魁」と呼ばれるまでになった．同じように汴京からの避難の途中，妻を亡くした男が一人息子を油屋に養子に出し，自分は寺男となって何とか糊口をしのいでいる．

　油屋の老主人の養子となった若者，養母にいびり出されたが，そのあとで養母はその情夫とたくらんだ悪事がばれて二人とも追い出され，再び老主人の下へ呼び戻される．やがて色街をも含む都の金満階級の屋敷をめぐる油の行商を始め，だんだん生活も楽になる．老主人が隠居して商売を任されようという直前に，さるところで先ほどの花魁の姿を目にしてしまう．爪に火をともすように倹約して，登楼に必要な金子を貯めて花魁に会いに行く．だが花魁はよその酒席から酔いつぶれて帰ってきて，ろくに話もできずに眠ってしまう．

　翌朝目の覚めた花魁は，よっぴて介抱をしてくれた客人が，実は平素出入りしている油屋の若い衆であることに気づき，何とも恥かしく，でもこの次には歓待しますからと言う．でもそんなにすぐには裏は返せない．金子を貯めるにはまた三年かかるという．事情を聞いた花魁は若者の心意気に打たれ「あたしはまもなく年季が明けます．そうしたらあなたに添い遂げたいから，ぜひともそれまでまっていてくださいね」という．

　油屋の老主人はまもなく死去し，若者は後を継いで当主となったが，人手が不足したので，たまたま近くで行き会ったみすぼらしい老夫婦を呼びとめると，汴京の訛りから同郷人だとわかり，それじゃうちで手伝ってくださいと雇い入れる．やがて年季が明けた花魁が油屋へやってくると，老夫婦は生き別れになって久しい両親だった．これも仏さまの引き合わせと，一家揃って寺に参詣に行く．案内や世話をしてくれる寺男，どうも何かひっかかる感じがある．よくよく問いただしてみたら，なんとやはり避難の途中で別れたままの父親だった．一同再会を喜びめでたしめでたしという結末となる．

第19講

有機化学での酸化還元 その1：酸化反応

　生物（動物）は外部から養分（食物）を摂取してエネルギーに変え，これを十二分に利用して生命を保持しています．この時の化学反応が，燃焼と同じように扱える（もちろん大づかみですが）というのは，酸素の命名者でもあるラヴォアジェの発見したことの一つでもありました．呼吸作用はこのために必要とする酸素を生物が空気中から取り込み，代謝の結果生じた二酸化炭素と水分を放出していることに他なりません．

　窒素分の代謝はこれに比べるとかなり厄介ですが，ほとんどの場合はアミノ酸やアミンなどの形で含まれているものですから，通常はアンモニアや尿素，尿酸などの形で排泄されてしまうので，酸化還元の面からすると，窒素の酸化数にはあまり大きな変化を考えなくともいい，つまり炭素や水素などに比べると，わざわざ取り上げる程にはならないと言えます．それでも微生物の中には，アンモニアやアミノ基態の窒素を分子状窒素（N_2）や亜硝酸イオン（NO_2^-）の形にまで酸化する機能を持っているものもあり，環境や農業方面においては重要な役割を果たしていると言えます．

　ところで，前の酸化還元電位のところで紹介したキノンとヒドロキノンの例でもわかるように，有機化合物の場合，酸化は酸素原子が増加すること，または水素原子が減少することにあたり，還元は逆に酸素原子が減少すること，または酸素原子が増加することだとお考え下さい．たとえばメタン（CH_4）の水素原子を水酸基（OH 原子団）で置き換える（これは酸素原子が1個増加するわけですから，酸化そのものということになります）ことを繰り返して行くと下のようになります．

$$CH_4 \rightarrow CH_3OH \rightarrow CH_2(OH)_2 \rightarrow CH(OH)_3 \rightarrow C(OH)_4$$

通常は同一の炭素原子に2個以上の OH 原子団が結合している分子は不安定

第 19 講　有機化学での酸化還元　その 1：酸化反応

で，水分子が除かれた方が安定になりますから，普通にある化合物の形で記すと

$$CH_4 \rightarrow CH_3OH \rightarrow CH_2O \rightarrow CHOOH \rightarrow CO_2 （あるいは H_2CO_3）$$

　　メタン　　　メタノール　　ホルムアルデヒド　　蟻酸　　　　　　二酸化炭素（炭酸）

のようになります．もっとも $CH_2(OH)_2$ や $CH(OH)_3$，$C(OH)_4$ などは，OH が OR （アルコキシル基）の形になると化合物として単離できるようになります．たとえば $CH_2(OCH_3)_2$，$CH(OCH_3)_3$，$C(OCH_3)_4$ などが知られていて，それぞれホルムアルデヒドジメチルアセタール，オルト蟻酸メチル，オルト炭酸メチルのように呼ばれ，市販品もあります．つまりそのぐらいは安定性があるのですが，反応活性に富むので，試薬としての用途も広くなっています．

　火力発電などで天然ガス中のメタンを熱エネルギー源として利用するときには，空気中の酸素と直接反応させて，一足飛びに二酸化炭素と水に変化させているわけですが，これだけでは有機化学の面での重要性は全部すっとばされたままです．しかも現実にある有機化合物は，メタンよりももっと多種多彩，複雑怪奇なので，もっと微妙に異なった化学反応を利用する必要が生じます．その結果いろいろと興味ある化合物を得たり，意外な化学反応を起こさせたりすることも珍しくありません．有機化合物の酸化と還元がこのようにややこしいのは，酸化と還元の面から見ると，いろいろな酸化段階のものが存在することと，複雑な骨格の中での特定の部分だけに酸化還元反応を起こさせる必要があるからなのです．有機化学者は，有機化学という学問が確立する以前からこのような系を扱うためにいろいろと苦心して来ました．この結果が集積された結果，今日の有機化学の専門のテキスト類が例外なく膨大なページ数となっているのです．有機合成における酸化還元反応の入門的な解説書としては，たとえば T. J. Donohoe,『Oxidation and Reduction in Organic Synthesis』（Oxford University Press, 2000）のような書物も出ています．

　酸化反応や還元反応には，それぞれの考案者の名前が残されているものが少なくありません．「有機人名反応辞典」や「Online Database of Organic Synthesis (ODOOS)」というデータベースがありますが，この中には「○○酸化」とか「○○還元」と呼ばれるものがかなり多数含まれています．もちろん全部を取り上げるのは紙面の制約もあって無理なのですが，重要なものについて簡単に紹介

しておきましょう．なお，有機化学では反応のメカニズムを非常に重視する（上にも記しましたが，複雑な分子の特定のサイトだけの反応を起こさせる必要があるからですが）のですが，ここではとりあえずそのような高級な議論は別の専門書を読んでいただくとして，どのような試薬や触媒がつかわれるのか，あるいはどのような生成物が得られるのかの方に主眼を置いてまとめることにします．

二重結合を酸化する反応だと，一番マイルドと言えるのはエポキシド生成，つまりオレフィンの二重結合に酸素原子が付加して三員環を作る反応でしょう．酸化剤としては次亜塩素酸ナトリウムや過酸化水素でも可能ですが，ヒドロペルオキシド（t-C_4H_9OOH（TBCP）など）や過酸（メタクロロ過安息香酸（mCPBA））などが，安全性の面からもよく用いられるようです．マンガン(III)錯体を触媒として用いるジェイコブセン-香月（Katsuki）エポキシ化や，チタンのアルコキシドを触媒とするシャープレス-香月反応，オキソンというフルクトース誘導体を触媒とし，過硫酸カリウム K_2SO_5 を酸化剤とする「史（Shi）エポキシ化」などが有名です（この「香月」は九州大学大学院の香月 勗 教授のことです．「史エポキシ化」は史 一安コロラド州立大学教授（後に中国科学院化学研究所に移られました）が考案されたものです）．

もう少し進んだ酸化としては，オレフィンから vic-ジオールを生成する反応があります．この vic-は vicinal の省略形で，隣り合った2個の炭素原子に結合しているという意味です．これも，一度エポキシドの形として水分子を付加させる方法と，四酸化オスミウムを触媒として酸化により vic-ジオールとする方法があります．

$$\underset{R_2\ \ \ R_4}{\overset{R_1\ \ \ R_3}{\diagdown\mkern-10mu=\mkern-10mu\diagup}} \xrightarrow[\text{NMO, t-BuOH, H}_2\text{O}]{\text{cat. OsO}_4} \underset{R_2\ \ \ R_4}{\overset{HO\ \ \ OH}{R_1-\overset{|}{C}-\overset{|}{C}-R_3}}$$

次に大事なのはアルコール類の酸化反応でしょう．これは下のように分類可能です．

　　　　　第一級アルコール　→　アルデヒド　→　カルボン酸
　　　　　第二級アルコール　→　ケトン

第三級アルコールは酸化すると炭素-炭素結合が切断されて，アルデヒドやケトンになります．

第19講　有機化学での酸化還元 その1：酸化反応

　四酢酸鉛を用いるクリーゲー酸化（Criegee oxidation）では，下のように反応が進むのですが，この反応では vic-グリコール，つまり 1,2-ジオールからアルデヒドまたはケトンを合成することができます．

$$\underset{\underset{R_2\ \ R_4}{|\ \ \ |}}{\underset{R_1-C-C-R_3}{HO\ \ OH}} \xrightarrow{Pb(OAc)_4, solvent} \underset{R_2}{R_1}\!\!>\!\!=O\ +\ O=\!\!<\!\!\underset{R_4}{R_3}$$

　三酸化クロムは別名を無水クロム酸とも言います．有機化学者はこちらを使い慣れているようで，文献などでもこちらの使用例が多いようです．有名なものを挙げますと，ジョーンズ酸化，サレット酸化，コリンズ酸化などがあげられます．ジョーンズ酸化（Jones oxidation）は三酸化クロムの硫酸酸性溶液（ジョーンズ試薬）を酸化剤とし，アセトンを溶媒として用いる酸化反応を言います．第一級アルコールのカルボン酸への酸化，第二級アルコールからケトンへの酸化に利用されています．

$$R_1-CH_2OH \xrightarrow[\text{acetone}]{CrO_3,\ aq.\ H_2SO_4} R_1-COOH$$

$$\underset{R_1\ \ R_2}{\underset{|}{CH-OH}} \xrightarrow[\text{acetone}]{CrO_3,\ aq.\ H_2SO_4} R_1-CO-R_2$$

　同じように三酸化クロムを用いる酸化反応として，ピリジンを溶媒として用いるサレット酸化（Sarrett oxidation）は，ピリジンがクロム原子に配位することで，三酸化クロムの酸化力が低下して過剰な反応が抑えられるという利点があります．通常は第二級アルコールからケトンへの酸化反応に利用されます．第一級アルコールの酸化にはあまり向いていません．

　コリンズ酸化（Collins oxidation）も同じような三酸化クロムとピリジンの錯体を利用するのですが，こちらは $(CrO_3)(C_5H_5N)_2$ を一旦結晶として単離し，ジクロロメタン（塩化メチレン）を溶媒として反応させます．PCC 酸化も同じように三酸化クロムを含む試薬による酸化反応です．PCC とはクロロクロム酸ピリジニウムの省略形で，下記のような構造の錯体です．PCC 酸化では，コリン

ズ酸化と同様にジクロロメタンを溶媒として反応を行わせます．第一級アルコールからアルデヒドへの酸化，第二級アルコールからケトンへの酸化に使用されます．

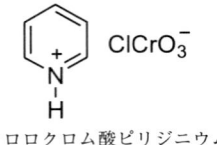

クロロクロム酸ピリジニウム

同じ酸化剤でも，溶媒や共存する試薬によってずいぶん反応性に違いが出てくることがおわかりいただけると思います．

過レニウム酸塩を用いるやや珍しい酸化反応として，レイ酸化（Ley oxidation）があります．ジクロロメタン中で，モレキュラーシーヴに担持させた過レニウム酸テトラプロピルアンモニウム（TPAP. $[(C_3H_7)_4N][ReO_4]$）を触媒としてアルコールをアルデヒドに酸化させる反応で，酸化剤としては N-メチルモルホリン N-オキシド（NMO）を用いるのが普通です．

● スワン酸化（Swern Oxidation）

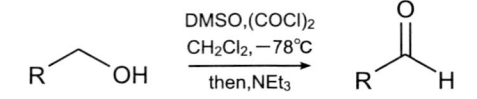

スワン酸化は上図のようにアルコールをアルデヒドやケトンに変換する方法で，ジクロロメタンを溶媒とし −78℃でジメチルスルホキシド（DMSO）と塩化オキサリル，またはトリフルオロ酢酸を用います．ジメチルスルホキシドの酸素が酸化に用いられるのですが，塩化オキサリルとDMSOを混ぜると激しく反応して爆発するため，低温で反応させる必要があります．

過酸（ペルオキシ酸）を用いる酸化反応は，上に紹介したエポキシ化を行うシャープレス酸化のほか，バイヤー–ヴィリガー酸化（Baeyer-Villiger oxidation）エルブス過硫酸酸化（Elbs oxidation）などが知られています．過酸としては，過酢酸とか過安息香酸などが以前から用いられていました．現在では取扱いの便利と安全性もあって，メタクロロ過安息香酸（mCPBA）が用いられる例が増えてきているようです．

第19講 有機化学での酸化還元 その1：酸化反応

バイヤー–ヴィリガー酸化は，下の図のようにケトンと過酸を反応させ，カルボニル基の隣に酸素原子を導入してエステルへと変換する反応です．

$$R_1\text{-CO-}R_2 \xrightarrow[\text{CH}_2\text{Cl}_2]{\text{Ar-CO-O-OH}} R_1\text{-CO-O-}R_2$$

エルブス酸化はこれとちがってペルオキシ二硫酸塩を用いる酸化反応で，通常はアルカリ性条件で行わせます．フェノールのベンゼン環にもう一つの水酸基を導入する反応などが典型と言えます．

$$\text{PhOH} \xrightarrow[\text{KOH}]{\text{K}_2\text{S}_2\text{O}_8} \text{1,4-}(OH)_2\text{C}_6\text{H}_4$$

ベンゼン環のような芳香環に結合したメチル基を過硫酸カリウム（ペルオキシ二硫酸カリウム）で酸化すると芳香族アルデヒドが得られますが，過マンガン酸カリウムのようなもっと強力な酸化剤で酸化すると，得られるものはカルボン酸です．たとえばトルエンなら安息香酸が生成することになります．ですが，トリフルオロメチルベンゼンを同じように強力な酸化剤で酸化すると，生成物はトリフルオロ酢酸になるのです．

オゾン酸化は，二重結合を含む有機化合物の構造決定に以前からよく用いられている方法の一つですが，二重結合にまず付加して五員環のオゾニドを生じ，次いで炭素–炭素結合が切断されて二つのカルボニル化合物を生じる反応です．

ジクロロメタンやメタノールなどを溶媒とし，-78℃で行うのですが，まず生成したオゾニドをどのように処理するかにより，その後の生成物が異なってきます（下図参照）．

$$\underset{R_2\ \ R_4}{\overset{R_1\ \ R_3}{>\!\!=\!\!<}} \xrightarrow[\text{MeOH},-78\text{℃}]{\text{O}_3} \underset{R_2}{\overset{R_1}{>}}\!\!=\!\!O + O\!\!=\!\!\underset{R_4}{\overset{R_3}{<}}$$

亜鉛やジメチルスルフィドで還元するとアルデヒド，ケトンを生成しますが，過酸化水素（H_2O_2）で酸化を行うとカルボン酸になります．また，水素化ホウ素ナトリウム（$NaBH_4$）で還元を行うと，アルコールを得ることができます．

今のように機器分析が簡単にできるようにならなかった頃は，カルボニル化合物と反応して結晶性に優れた化合物のセミカルバゾンやヒドラゾン誘導体とし，この融点を測定して既知の化合物と照合し，これによって各断片の構造が判明すると，それを元として原化合物の構造式を定めるというのが定石的な手法でもありました．ですから二重結合を切ってカルボニル化合物に変化させれば，それだけ同定の手順としてはずいぶん楽になったのです．

● オッペナウアー酸化（Oppenauer oxidation）
　第二級アルコールをケトンへと酸化する化学反応で，メールワイン-ポンドルフ還元の逆反応であるとも言えます（下図参照）．これは酸化還元反応よりも単なるプロトンの移動だと片付けている書物もあるのですが，プロトン付加された方が還元，プロトンを奪われた方が酸化というのであれば立派な酸化反応であります．ここではアセトンを溶媒，つまり大過剰量用いるので，アセトンが還元されてイソプロピルアルコールとなり，目的物質が酸化されることになるのです．

● デス-マーチン酸化（Dess-Martin Oxidation）
　デス-マーチン酸化はアルコールをアルデヒドやケトンに変換することができる合成法です．この酸化法ではDMP（Dess-Martinペルヨージナン）を酸化剤として用います．この方法は温和な条件（室温，中性pH）で反応が進み，非常に不安定なアルコールであってもアルデヒドやケトンへ変換することができるので，対象によってはきわめて便利な方法でもあります．

Tea Time

銀鏡反応

「アルデヒド」という言葉を作ったのは，ドイツの大有機化学者のユーストゥス・フォン・リービッヒ（J. von Liebig, 1803-1873）ですが，彼はアルコールを酸化（脱水素）して新しい化合物を作ることに成功し，これにラテン語の alcoholicum dehydrogenatus（水素を除いたアルコールという意味になります）の下線部をつないでドイツ語の「Aldehyd」という言葉を作りました．また，この一連の化合物は強い還元作用を示し，アンモニア性の硝酸銀水溶液から金属銀を析出させる能力を持つことを発見しました．これが「銀鏡反応」なのですが，この発見はそれまでの鏡の製造法に大変革をもたらしました．以前からの標準的なガラス鏡の製作には，ガラスの面にスズのアマルガムをむらなく塗布した上に銀箔を圧着させ，余分なアマルガム分を除くという，大変に手間もかかる方法が採用されていて，有毒な水銀をかなりの量で扱う必要があったのです．

　試験管ぐらいのサイズなら，銀鏡反応できれいな銀の鏡をつくることは，高校生ぐらいでもそんなに難しくありませんが，巨大な鏡を美しく仕上げるには今でもいろいろとノウハウがあるらしく，永年経験を積んだ職人の方々でなくてはうまくいかないそうです．

第20講

有機化学での酸化還元 その2：水素添加，脱酸素反応

●水素添加反応

　不飽和結合に水素分子を付加させる反応一切をいうのですが，植物性油脂などは不飽和脂肪酸に富むので，常温では液体のもの，つまり「油」がほとんどで，これに水素を付加させて飽和脂肪酸に変化すると，グリセリドの融点が上昇するので固体となります．ですから油脂化学工業の方では「硬化」という方がむしろお馴染みです．

　触媒を利用して二重結合に水素を添加する反応は，19世紀の末頃にフランスのサバティエ（P. Sabatier, 1854-1941）によって発見されました．後にこの業績で彼はノーベル化学賞（1912）を授与されたのですが，反応活性な金属ニッケル粉末がこの触媒として有用であることがわかったのです．このほかにも白金族に属する金属元素には触媒活性に富むものが多いのですが，中でもよく利用されるのはパラジウムや白金などです．どのような原料を使うかによっていろいろと使い分けがされるわけですが，たとえばエチレンガス中に不純物として含まれるアセチレン（時には数％にも及ぶことがある）を水素化して，含量1 ppm程度にまで下げたり，ブタジエン中のビニルアセチレン量を減らしたりするにはアルミナ上に担持したパラジウム粉末やパラジウム銀合金などを触媒とします．

　ローゼンムント還元（Rosenmund reduction）は比較的古くから知られていますが，パラジウム触媒を用いてカルボン酸の塩化物（アシルクロリド）を水素で還元して炭化水素を得る反応です．この場合は硫酸バリウム上に分散させたパラジウム微粒子を触媒として使います（下図参照）．

カルボン酸誘導体 → アルデヒド

$$\underset{R}{\overset{O}{\|}}{-}Cl \xrightarrow{H_2,\ Pd/BaSO_4} \underset{R}{\overset{O}{\|}}{-}H$$

無機・分析化学の方での還元，つまり電子そのものの利用という意味では，バーチ還元（Birch reduction）がいちばん近いかも知れません．これは液体アンモニア中に金属ナトリウムを溶解させ，生成する溶媒和電子を用いて行う還元反応であります．ほかの金属を用いることもありますが，通常は安価で取扱いが容易なこともあってナトリウムを使うようです．この還元反応では，通常はかなり困難なベンゼン環の部分還元が可能であることが特徴的でもあります．

ブーヴォー-ブラン還元（Bouveault-Blanc reduction）も同じように金属ナトリウムを用いる還元反応ですが，液体アンモニアではなくエタノールを溶媒として，カルボン酸エステルを還元し，第一級アルコールへと変える反応のことです．この場合にエタノールはプロトン源としても働きます（下図参照）．

$$R_1-C(=O)-O-R_2 \xrightarrow{Na^0, EtOH} R_1-CH_2OH + R_2-OH$$

工業的に大スケールでエステルを還元する際によく使われる反応でもあります．

●クレメンゼン還元（Clemmensen reduction）

同じように金属による還元ですが，亜鉛アマルガムを用いて，ケトンやアルデヒドなどのカルボニル基をメチレン基へ還元する反応で，塩酸などの強酸性条件下で行います（下図参照）．

$$R_1-C(=O)-R_2 \xrightarrow{Zn(Hg), HCl} R_1-CH_2-R_2$$

金属のほかに重要な還元試薬としては，水素化ホウ素ナトリウム（$NaBH_4$）と水素化アルミニウムリチウムがあり，アルデヒドを第一級アルコールに，ケトンを第二級アルコールに還元できます（下図参照）．

$$R-\overset{\overset{O}{\|}}{C}-H \xrightarrow[\text{ethanol}]{\text{NaBH}_4} R-CH_2-OH$$

$$R-\overset{\overset{O}{\|}}{C}-H \xrightarrow[\text{2.H}_2\text{O}]{\text{1.LiAlH}_4} R-CH_2-OH$$

$$R-\overset{\overset{O}{\|}}{C}-R' \xrightarrow[\text{ethanol}]{\text{NaBH}_4} R-\underset{R'}{CH}-OH$$

$$R-\overset{\overset{O}{\|}}{C}-R' \xrightarrow[\text{2.H}_2\text{O}]{\text{1.LiAlH}_4} R-\underset{R'}{CH}-OH$$

このほかに DIBAL と呼ばれるジイソブチルアルミニウムヒドリドも同様の目的で用いられます．

● ウォルフ-キッシュナー還元（Wolff-Kishner reduction）

$$\underset{R_1 \quad R_2}{\overset{O}{\|}}\text{C} \xrightarrow{\text{NH}_2\text{NH}_2} \left[\underset{R_1 \quad R_2}{\overset{N^{\nearrow \text{NH}_2}}{\|}}\text{C}\right] \xrightarrow{\text{KOH}} \underset{R_1 \quad R_2}{\overset{H \quad H}{C}}$$

ケトンやアルデヒドなどのカルボニル基をメチレン基へ還元して炭化水素の形に変える反応で，ヒドラジンと水酸化ナトリウム（または水酸化カリウム）と加熱して反応させる方法です．

● メールワイン-ポンドルフ還元

$$\underset{R_1 \quad R_2}{\overset{O}{\|}}\text{C} \xrightarrow[{}^i\text{PrOH}]{\text{Al}(\text{O}^i\text{Pr})_3} \underset{R_1 \quad R_2}{\overset{OH}{C}}$$

アルミニウムイソプロポキシド Al(O^iPr)$_3$ とイソプロピルアルコール（IPA）を用いて，ケトンを第二級アルコールに還元する方法です．この反応は可逆反応なので，IPA の代わりに大過剰のアセトンを用いれば，アルコール部分が酸化されて，アルデヒドもしくはケトンが得られます（オッペナウアー酸化）．

= Tea Time =

トランス脂肪酸と水素添加

　このごろアメリカあたりで特に騒がれている「トランス脂肪酸」騒動は，どうも訴訟大国のあちらの，お金儲けに眼のない弁護士が，製菓業界の大手の KRAFT 社（オレオクッキーなどの製造販売元）を相手に起こしたのがもとのようです．ハヤカワ文庫にある『訴えてやる！大賞』（ランディ・カッシンガム著，鬼澤 忍訳，2006 年）の最初にも取り上げられています．

　一部のレポートなんかにある「製油法の過程で生じる"狂った脂肪酸"（異常で不健全な結合）で，脂肪の分子中の炭素と水素の結びつきに変化が生じたもの（炭素の二重結合の場所で炭素と水素の結びつきが正常な結合であるシス結合と違う）で，自然界には存在しない」なんていうのは行き過ぎで，これではどう見ても「トンデモ科学」に分類されても致し方ないでしょう．

　天然にある食用油脂の成分である不飽和脂肪酸の大部分は，オリーヴ油中の炭素数 18 のオレイン酸や，菜種油に含まれる炭素数 22 のエルカ酸など，どちらもシス型なのです．ところが，これらのトランス異性体であるエライジン酸やブラシジン酸のどちらも天然の食用油脂の中にかなりの割合で存在しています．そのために有害な影響が現れたという報告は，管見に触れた限りではいままでのところありません．

　ただ，マーガリン製造などに際して行う油脂の硬化（水素添加）処理の際に，異性化が起きてトランス型に異性化することがあり，これが「製油法の過程で生じる」という上記の記載の元なのでしょう．

　この種の脂肪酸が「有害だ」という研究報告が出されたことは確かなのですが，中近東の人たちが平常食用にしている動物性の油脂には，この「トランス脂肪酸類」が多くて，日常の摂取量もアメリカの人たちの倍近くもあるのに，これといった悪影響は全くないのだそうです．ひょっとしたら「アメリカのヒトにとってのみ有害」なのかもしれません．もっと詳しいことをお望みならば，東京大学の渡辺 正先生が訳された『逆説・化学物質』（J. Emsley 著，丸善，1996 年）あたりをごらんになることをおすすめします．

　「意地悪な見方だけれど，乳製品メーカーからのマーガリン製造業に対する嫌がらせなのでは」という穿った意見を述べられた先生もおられました．

第21講

有機化学での酸化還元 その3：水素貯蔵

　最近話題の「環境に優しいエネルギー源」としてマスメディアでもしばしば取り上げられている「水素エネルギー利用」では，安全な形でかつコンパクトに水素を貯蔵できるかどうかが重大な問題となっています．

　以前から水素の貯蔵・利用に使われてきたのは，お馴染みの赤く塗られたボンベでした．これはおよそ6000リットル（$6\,\mathrm{m}^3$）ほどの水素を，約150気圧程の圧力で封入し，運搬や保管を行うわけですが，大きな圧力に耐えなくてはならないので，鋼鉄製の厚い壁の円筒状になっています．重量は50 kgほどもあり，色男（オカネと力に縁のない）にはちょっと担げそうもないものですが，これだけあっても水素の重量にしてみると500 gほどしか貯蔵できません．つまり重量にしてたった1％の水素ガスを利用するためにこれほど重たいボンベをどうしても必要とすることになります．

　最近，新聞紙上でも話題になった「有機ハイドライド」と呼ばれるものがあります．「ハイドライド」は「水素化物」を意味するのですが，ほとんどの有機化合物は炭素と水素を含んでいますから，一見奇異にみえる言葉です．これは実は昨今話題となっている水素貯蔵に利用するための，芳香族有機化合物に水素を付加させたものの一群（つまり脂環式化合物）を指すもののようです．名付け親は北海道大学触媒研究所の市川 勝名誉教授だということです．

　ベンゼンやトルエンなら1分子あたり水素を3分子，ナフタレンなら水素5分子の付加が可能です．これは重量比にしてみるとベンゼンなら6/78，トルエンなら6/90，ナフタレンなら10/128と6〜8％もの水素を付加できる計算になります．現在の水素貯蔵合金は重量比ではたかだか5％ぐらいの水素を吸わせるのが限度だというのですから，ずっと効率もよいし，かつ原料にも不自由せず，石油製品と同じように取り扱えるということでマスコミにも注目されるようになった

のです．

　2011年11月，南極の昭和基地の水素発電システムを日立製作所が受注したというニュース（www.asahi.com/digital/nikkanko/NKK201111080016.html）の中に，風力発電で水を電気分解し，得られた水素を「有機化合物であるトルエンに固着させ，常温・常圧の液体であるメチルシクロヘキサンの形態で貯蔵する」という記事がありましたが，まあ新聞記者各位に有機化学の初歩的な知識を期待することも無理なのですけれど，ここでは「固着」はまちがいで，トルエン1分子に3分子の水素（H_2）を付加させて（つまり「還元」にあたります）メチルシクロヘキサンに変えることを意味しているのです．風力発電は，いくら強風の卓越する南極の昭和基地でも，そうそうコンスタントに稼動させることはできないので，電力が得られたときにこれで水を電解して水素とし，これをトルエンに付加させて貯蔵するのです．ここでトルエンとメチルシクロヘキサンの系が選ばれているのは，気温の低い南極の昭和基地（今までに観測された最低気温は-45.3℃）では，ベンゼンやシクロヘキサン（どちらも融点は摂氏数度）だと固化しやすいし，ナフタレンはもともと常温でも固体ですから，トルエン（融点-95℃）とメチルシクロヘキサン（融点-126℃）なら，厳冬期でもどちらも液体のままなので，操作も容易でふさわしい媒体として選定されたのでしょう．

================ **Tea Time** ================

メタン菌の新しい活用：炭素のリサイクル

　もうずいぶん以前から，「世界の石油資源はあと三十年で枯渇する！」と騒がれてきました．でも，原油の価格が上がってくると，それまででは採算の合わなかった油田からも採取が始まるし，また探索に費用を掛けることも楽になったので，いまのところ当分は（コストを別にすれば）大丈夫のようです．

　ところが，油田自体からの採取は，埋蔵量の全部を取り出しているわけではありません．たかだか3割から4割ぐらいしかくみ出せないのが普通なのだそうです．そのために，産出量が減少してきた油田に高圧泥水（もともとはボーリング用）を注入するなど，諸外国などではいろいろな工夫がされています．

　この老朽化した油田の再開発方法として，我が国で考案されたユニークな方法の一つ

に，二酸化炭素をこの中に注入して，油田中に棲息している微生物の力で石油を再生させようという試みがあります．つまり二酸化炭素を還元して石油を再生させるのですが，この際には当然ながら水素源が必要です．

帝国石油と東京大学の共同研究プロジェクトでは，このために水素発生菌とメタン産生菌を別に培養しておき，加圧した二酸化炭素と一緒に，採取できなくなった油田の地下へと送り込むのだそうです．こうすると，残存している原油をもととして，水素発生菌から水素が得られるので，これをメタン菌が利用して，二酸化炭素を還元してメタンを作ってくれるというわけです．

秋田県の八橋油田（実際にガスの産生量が多い）などで実地試験が始まったらしいという報道もありましたが，ただ，微生物任せだと，十分な量のメタンが採取できるようになるまでの時間がどのぐらいかかるのかはまだよくわかりません．でもこれこそまさに炭素のリサイクルにほかなりません．あとは輸入原油と競争可能かどうかのコストの問題ということになるのでしょう．

第22講

生化学的反応，代謝，酸化的リン酸化

「生物のエネルギー通貨」ともいわれる ATP，つまりアデノシン三リン酸エステルは，いろいろな代謝過程で生成するのですが，中でも重要なのはグルコースからピルビン酸を生じるまでの解糖系と，この後に続くトリカルボン酸サイクル（TCA サイクル）に関連したメカニズムです．

ADP（アデノシン二リン酸エステル）とリン酸イオンが縮合して ATP が生じるには，1 モルあたりにして 7.3 kcal のエネルギーが必要です．逆に 1 モルの ATP が解離して ADP とリン酸イオンとなると，同じ 7.3 kcal のエネルギーが放出されることになるのです．この P-O-P 結合がよく「高エネルギー結合」などと呼ばれているわけです．

解糖過程では，グルコース（$C_6H_{12}O_6$）1 分子がまずリン酸基 1 個と結合し，これが異性化してさらにもう一つのリン酸基と結合するのです．こうして生じたフルクトース-1,6-二リン酸が，ほぼ対称的に二つに切れてグリセルアルデヒドリン酸（ジヒドロキシアセトンリン酸が生じると記してあるテキストもありますが，この両化合物は異性体で容易に相互に転換します）となるのです．ここまでに ATP 2 分子が必要なのですが，このあと NAD^+（次頁に詳述）とリン酸のイオン（HPO_4^{2-}）との反応で，1,3-ジホスホグリセリン酸となり，これが ADP と反応して 3-ホスホグリセリン酸と ATP に変わります．さらに脱水反応でホスホエノールピルビン酸となり，ここで残っているリン酸基が外れて ADP に結合して ATP が生じるのです．つまり全体で見ると，最初のフルクトース-1,6-二リン酸の生成までに 2 分子の ATP が必要でも，あとのジホスホグリセリン酸からピルビン酸に至る過程で 4 分子の ATP が生じることになるので（ジホスホグリセリン酸はグルコース 1 分子から 2 分子生じる）正味 2 分子だけ ATP が余分に得られることとなるわけです．なお酸素が不足の，つまり還元性の状態にある

と，ピルビン酸はさらに還元されて乳酸となってしまいます．筋肉などは疲労してくると酸素不足状態となって，乳酸が蓄積してくるのですが，これが疲労状態の一つの指標でもあります．

　酸素が十分にあると，ピルビン酸の段階でとまり，これがミトコンドリア中に導かれて次のトリカルボン酸サイクル（TCAサイクル）に組み込まれて行きます．トリカルボン酸サイクルは，提案者の名からクレブスサイクルと呼ばれることもありますが，解糖作用で分解されて生じたピルビン酸（以前は焦性葡萄酸と呼ばれたこともあり，今でもそう記してあるテキスト類もあります）が，これが補酵素A（コエンザイムA）と結合してアセチルCoA（昔風のテキストでは「活性酢酸」と記してあるものもあります）となると，これはオキサロ酢酸と反応するので，トリカルボン酸サイクルへ導入されます．このサイクルは細胞内のミトコンドリアの中で進行するのですが，図8に示しておきますが，いくつもの酸化還元反応に伴ってNAD（ニコチンアミドアデニン二リン酸エステル）やFAD（フラビンアデニンジヌクレオチド）がプロトンの受容体となって還元されたり，カルボキシル基から二酸化炭素分子が脱離したりする複雑なプロセスで，このなかでα-ケトグルタル酸がコハク酸に変化するステップで，脱炭酸とプロトンの引き抜き（つまり酸化）に伴って，ADPからATPへの変化が起きます．つまり酸化的リン酸化でもあるわけです．ここで二リン酸基にリン酸がもう1分子縮合して三リン酸基になることで，高エネルギー結合が生じたということになるのです．

　このサイクルを一回りすると，このほかにNADやFADが起こす酸化還元反応でさらに17分子ものATPがつくられます．先ほどの解糖過程からトリカルボン酸サイクルまで全部をまとめると，アセチルCoAの1分子あたり18分子のATPができることになるので，グルコース1分子あたりだと38分子のATPが生じる計算になります．これはつまりグルコースの燃焼熱（2803.3 kJ/mol）に相当するエネルギーがATPの中に蓄えられたことにあたります．単純に酸素で酸化させるだけでは，生体内でそのエネルギーを利用することは無理ですが，このようにATPの中の高エネルギーリン酸結合の形でエネルギーを蓄えられれば，いろいろなところでこれを活用することが可能となるのです．

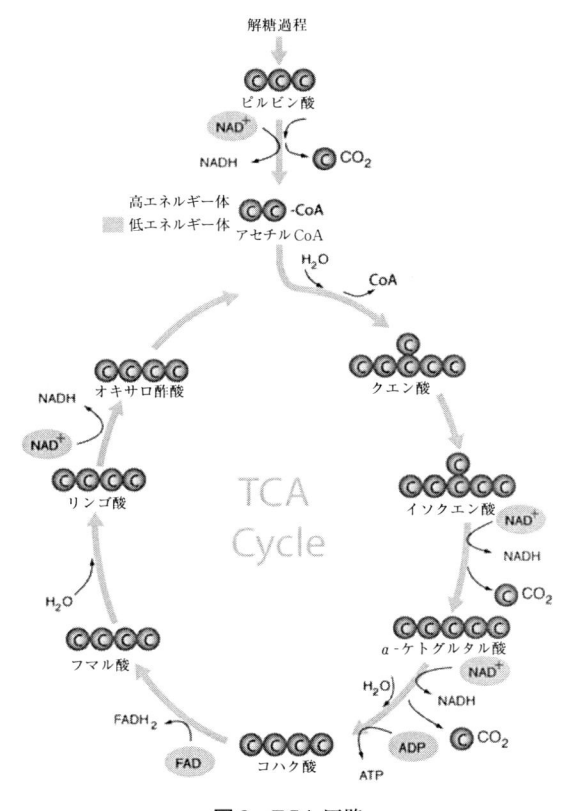

第22講　生化学的反応，代謝，酸化的リン酸化

図8 TCA 回路

============================ **Tea Time** ============================

B-Z 反応

2011年の11月のこと，「女子高校生の論文が米科学誌掲載へ！」というタイトルで，水戸第二高等学校の小沼 瞳嬢ほかのクラブ活動での大発見のタネとなった「B-Z 反応（ベロウソフ-ジャボチンスキー反応）は，振動反応，つまり均質な溶液内で周期的に化学反応が起きるのが観察できる興味ある例です．これを最初に発見したロシア（当時はまだソヴィエト）のベロウソフ（B. Belousov, 1893-1970）は，トリカルボン酸サイクルの研究をしていて，その途中で周期的に振動する反応を発見したのです．マロン酸と

臭素酸塩との間で起こる酸化還元反応で，電子の担体としていろいろな酸化還元対を用いた実験例が報告されています．もっとも彼がこの研究を報告したときには，当時のソヴィエトの科学界の反応は冷たいものでした．ビーカーの中などで行わせる通常の化学反応は，通常は特定の向きに一方向に進むのが当たり前なので，こんな奇妙な振舞いをする溶液系など，なにかのマチガイだろうとすら言われたのです．

　ですが，その後同じソヴィエトのジャボチンスキー（A. Zhabotinsky, 1938-2008 年．われわれ古手の人間には，東京オリンピックのソヴィエトの重量挙げの選手のほうが有名でしたが，この化学者とは別人です）が再発見して，以前の報告のデータを再検討した結果一躍有名になりました．そのため二人の名前をとって「Belousov-Zhabotinsky 反応」，簡単には B-Z 反応と呼ばれるようになったのです．生命活動，酵素反応などにおいては周期現象はむしろお馴染みのものなのですが，もっと簡単な「ビーカーの中の水溶液系」でも観測されるということで注目を浴びたものです．この小沼嬢ほかの論文の書誌事項は下記の通りです．

> Onuma H, Okubo A, Yokokawa M, Endo M, Kurihashi A, Sawahata H（2011）."Rebirth of a Dead Belousov-Zhabotinsky Oscillator". *J. Phys. Chem. A*［Epub ahead of print］. doi：10.1021/jp200103s. PMID 21999912.

　この B-Z 反応も，通常は時間の経過とともに周期的な色の変化は収束してしまうのですが，この収束してしまった溶液が，放置されたあとで再び周期的な変色を起こすようになったというのです．この系は非平衡状態の熱力学の研究でノーベル化学賞を受けたベルギーのプリゴジーヌ教授（I. Prigogine, 1917-2003）の研究対象の一つでもあったので，門下の大先生のお一人に注目され，一流の学術雑誌に掲載の運びとなったということです．もっとも東日本大震災のために水戸も被害を受け，追加実験など中断を余儀なくされるというアクシデントもありました．

　実際の色調の変化などは，日本語版のウィキペディアにも掲載されていますから，一度ご覧になることをお勧めします．Youtube にも動画の形で画像が紹介されている例がいくつかあります．

第 23 講

衛生と医療

　われわれの身の回りには，結構多種多様の有害微生物が存在していますし，また病気の原因となったりする有毒化合物も少なくありません．この種の微生物の多くは，きわめて原始的な細菌（古細菌，最近では始原菌と呼ぶ向きも増えてきました）であることが多く，酸素や酸化性の物質にはあまり抵抗できません．また，毒性のある化合物の大部分は有機化合物なので，これも酸化させることで無害なものに分解させることはそれほど大変ではありません．

　もっとも病原菌の概念がきちんと成立，理解されるまでにはまだ時間がかかりました．今日でも有名なコッホの「病原体の決定に関する仮説」が提案（1884年）されても，反対する大権威が多かったのです．医学界は（現在でもそうだと主張される先生方がおいでですが）やはり永年の経験の蓄積を基礎に置いているためか，時として著しく保守的になることもあり，先駆者と言われるヴェサリウス（解剖学），ジェンナー（種痘），シンプソン（麻酔）などの先生方もずいぶん苦労させられました．

　ところで，よく身の回りで使われる「殺菌」，「消毒」，「滅菌」，「除菌」，「静菌」，「抗菌」などという用語には，それぞれかなりはっきりした定義がもともとあるのですが，分野によっては法律の規定があるために，逆に特定の用語が使えない場合もあったりするので，時には誤解を招くこともあります．

　「殺菌」とは，文字どおり微生物を薬品などを用いて死滅させることです．一方「消毒」とは，有害な微生物のみを殺菌することです．この二つは，薬事法で定められた定義ですが，対象となるものは，消毒剤などの「医薬品」と薬用石鹸などの「医薬部外品」に限られます．これ以外の，たとえば台所用の洗剤などでも，成分から考えると同じように殺菌や消毒の効果があるものが少なくないのですが，この薬事法の規定のために「除菌」という表現しか使えないのだそうで

す．極端なことを言うと，大量の純水で洗い流すことだって「除菌」ではありますが，「消毒」や「殺菌」にはなりません．

　薬用石鹸や消毒薬などでは，「殺菌，消毒効果があります．」という風に，「殺菌」と「消毒」をセットで使うことが多いようです．もともと「殺菌」と「消毒」の違いは，対象となる微生物が有害なものの場合に「消毒」を，毒性の有無にかかわらない場合を「殺菌」というだけの違いですから，薬用石鹸などの場合にはあまり厳密な区別をしないので，いつも両方が併記されているようです．

　もう少し厳しい「滅菌」の場合には，一切の微生物のみならず，蛋白質のレベルまで完全に破壊させることを意味します．これはもともと微生物学の用語だったようですが，「殺菌」よりもずっと徹底的に行うことを意味します．

　これに対し，「抗菌」というのは，微生物の増殖を抑える，というもので，本来はペニシリンなど抗生物質方面での用語でした．

　この種の病原菌のうちでもかなりのものは，原始的な細菌に分類されるものが多いのですが，これらは過剰の酸素や酸化性物質にはあまり耐性を持っていません．そのために，殺菌・消毒用の薬剤の中には酸化剤がかなり多数含まれています．中でも歴史のあるもの（病原菌という認識すらなかった頃から使われてきたもの）には，酸化剤が少なくありません．

　さらし粉（次亜塩素酸塩）やオキシドール，ヨウ素，オゾンなどがこのためによく用いられる薬品で，これについては前にも紹介してあります（第7講）．

　なお，最近時折話題となっている「電解イオン水」と呼ばれるものがあり，医療現場でも，滅菌・消毒用に愛用される向きがあるようですが，この作用の本体は，作り方を調べてみるとやはり次亜塩素酸イオンのようです．ただ，資料を見ると「pHが9～9.5（もちろん強アルカリ性では，消毒効果よりも有害作用のほうが現れるので，このぐらいのものを使うのでしょうが）程度で有効」というのですから，計算してみると有効な次亜塩素酸イオンの濃度はずいぶん低く，そのために汚染度がもともと極めて小さい場合ならば確かに有効だと思われますが，医療現場では時には大量の有機物の混入が不可避ですから，やはり宣伝文句を過信するのは危険かも知れません．きちんとした試薬の次亜塩素酸塩やクロロイソシアヌール酸系の薬品を使うのに比較すると，高価な設備を必要としますし，それほど特別なメリットはないように考えられます．

現代風の意味での病原体（病原菌）についての「コッホの仮説」（後に「コッホの法則」）と呼ばれるようになりました）は次のようなものです．これはもともと彼の恩師であったヘンレ（ゲッティンゲン大学医学部教授，腎臓にある「ヘンレのループ」は彼に因んだものです）が理論的に提案した三条件（特定病因説）をさらに精密化したものです．「コッホの必要条件」と呼ばれることもあります．書物によっては「ヘンレ-コッホの原則」または「コッホの原則」と記してある例もあります．文献によって表現には多少の変化がありますが，おおむね下のようにまとめられます．

「特殊な病原微生物であることの証明には下記の四条件が必要である．すなわち
① ある病気の患者（または患畜）に対して，ある特定の微生物が認められねばならない．
② この特定の微生物は純粋に分離培養することができ，それは継代培養される必要がある．
③ この特定の微生物は感受性のある動物に再び同じ病気を起こさせる．
④ その病気になった動物の病巣部から同じ微生物体が分離できて，純粋継代培養が可能とならねばならない．」

=============== Tea Time ===============

先駆者ゼンメルワイスの悲劇

有害微生物が病気の源だという認識は，欧米でも医師の間に定着するまでにはずいぶん時間もかかったのです．しかしそれよりもずっと以前に，酸化性のある薬品で処理（消毒）することで，病気の伝染を大幅に減少させることに成功した医師がいました．

現在でも「産褥熱患者の救い主」とか「公衆衛生の鼻祖」とまで讃えられているイグナツ・ゼンメルワイス（I. Semmelweis, 1818-1865）は，もともとハンガリーのブダペストに生まれ，ウィーン大学の医学部を卒業したあと，大学付属病院の産科病棟を任されていました．当時のウィーン大学には産科病棟が二つあり，第一病棟は産科医が，第二病棟は助産婦が担当していました．ゼンメルワイスが任されたのはもちろん第一病棟の方でしたが，第二病棟に比べて産褥熱患者の発生率が著しく高く，時には何十％にも及び，そのために死亡者の数も少なくなかったのです．

ゼンメルワイスの親友で法医学が専門だったコレチュカ教授が，解剖実習の際に誤っ

てメスで指を負傷し，その結果重篤な敗血症にかかって亡くなりました．彼の症状が，産褥熱患者の症状とそっくりなことに気づいたゼンメルワイスは，死体から何らかの産褥熱の原因となるものが生じるのだろうと考えて，病棟の入り口に手洗い鉢を置いて，これに漂白粉の飽和水溶液を満たし，入室するものは必ずこれで手を入念に洗ってからにせよと厳命しました（つまり酸化性薬品による消毒を強制したことになります）．当時のカリキュラムでは，医学生は解剖実習のあとに病棟巡回という時間割になっていたのだそうです．教授も学生も看護婦も使丁も誰一人として例外を認めなかったのです．もちろん，自分たちが致死的疾患の原因を運んでいるなんて思ってもいないスタッフ全員からは悪評さくさくでしたが，ゼンメルワイスはまったく譲歩しませんでした．

でもその結果はすぐに現れました．第一病棟の産褥熱の患者数は激減し，死亡する患者も2％以下，つまり以前の第二病棟と同じぐらいになりました．ところが当時のウィーン大学の産婦人科の教授連は，彼の得た結果をどうしても認めようとしませんでした．仕方なく彼は故郷へ戻り，ブダペストの医科大学で教鞭をとっていて，やはり解剖実習中に学生のメスが滑って手に負傷し，コレチュカと同じように敗血症にかかって亡くなりました．まだ50歳にもなっていませんでした．

彼の没後何年かして，スコットランドのエディンバラ大学のリスター（石炭酸消毒によって，外科手術時の感染症の抑制に成功した名医）が，医学における消毒の重要性を主張し，先駆者としてのゼンメルワイスの業績を紹介するまでは，世界の医学界の認めるところとはならなかったのです．

自分の体を実験台に

尿中にクレアチンを発見した有機化学者で，衛生学の開拓者でもあったマックス・フォン・ペッテンコーフェル（M. von Pettenkoffer, 1818-1901，明治時代に活躍した緒方惟規，森林太郎（鷗外）などもミュンヘン大学の彼の下で学びました）は，ミュンヘン市内のコレラ流行の根絶に苦労しました．彼はこのような伝染病は環境衛生上の問題で，「瘴気」つまり汚染された空気が原因であると考え，市内のスラム街の悪環境を一掃するために，当時のバイエルンの王様の命令を頂いてかなり強引な手法をとったのですが，その結果コレラは一掃されて，ミュンヘンの町は一躍衛生的な都市として有名になりました．その経験からでもありましょうが，彼はコッホの提案した「病原菌」という概念をなかなか受け入れようとしませんでした．

ある年（1882年？）のドイツ医学会の席上，「コッホ君のコレラ菌についての理論が本当に正しいのかどうか自分は大いに疑念を抱いている．ここに『いわゆるコレラ菌』の培養基があるが，わしももう年齢だからたとえ病気で命を落としたって惜しくはないのだ．自分を実験台として，ほんとうに病原菌かどうか試して見せよう」といって，出

席者みんなの前で問題のコレラ菌でいっぱいの寒天培養基を呑んでしまったそうです．老先生は結局コレラを発症しませんでしたが，このとき一緒にコレラ菌培養基を呑んだ助手は，本当にコレラを発症し，重態となってついに亡くなったと言われています（もっとも別伝によると長期間の治療の末に何とか回復したとも言われています）が，なぜペッテンコーフェル大先生がコレラにかからなかったのは，現在でも謎のままなのです．

第 24 講

化粧・美容と酸化還元

　人間の皮膚は，太陽からの紫外線を受けてビタミン D を合成できるようになっていますが，過剰に曝されると悪影響もでてきます．昨今ではどうも悪影響の方ばかりが話題となっているようで，子供たちの日光浴も以前なら推奨されていたのに，逆に自粛すべきだという風潮に変わってしまいました．つまりせっかくの利点を無視して丸っきりの悪者扱いにしてしまっているのです．

　もっとも，この紫外線で悪影響を受けやすいのは，いわゆるコーカソイド人種に限られているはずなのですが，昨今のマスコミの手にかかると得てして拡大解釈が行われ，放射能と同じように「コワイコワイ教」を声高に布教される教祖方に翻弄されるところとなってしまいました．

　どんなことだって「過ぎたるは及ばざるが如し」と昔から言われているわけですが，美容，保健上で問題になる有害な紫外線とは，本来はエネルギーの高いUV-C などの短波長（高エネルギー）のものだけを指しているのです．ところが，大気上層にあるオゾン層がきわめて有効な紫外線のフィルターとしてはたらくので，地表まで到達する紫外線のほとんどはもっと長波長のものばかりになっています．表 5 の分類で言うと「UV-A」に当たるものです．太陽から来る紫外線には，UV-A，UV-B，UV-C のすべての波長の紫外線が含まれているのですが，そのうち地表まで到達できるものは UV-A がほとんどで，一部 UV-B も含まれています．

　紫外線は可視光線よりも大きなエネルギーを保持していますから，確かに生物組織に傷害を与えることも可能です．そのために医療器具などの紫外線による滅菌処置も実際に行われています．もっとも紫外線は波長区分ごとに生物体に与える影響は大きく違ってきます．つまりエネルギーによって異なる影響が見られるというわけですから，この滅菌用に用いる紫外線は UV-C 領域のものを利用し

ています．従来は低圧水銀燈（水銀殺菌灯）の 254 nm の輝線がもっぱら利用されていましたが，最近（2010 年），つくばの産業技術総合研究所ではダイヤモンド LED を用いてもっとコンパクトな滅菌用紫外線光源の開発に成功したというニュースもありました．

波長による紫外線の区分は　通常は表 5 のようになっています．

表 5　紫外線の区分

紫外線	波長（nm）
UV-A	400～315
UV-B	315～280
UV-C	280～200
遠紫外線（真空紫外線）	200～10
極紫外線（極端紫外線）	10～1

このほかに，レーザーやフォトリソグラフィーの方面でも「遠紫外線」という用語が使われますが，この分野では上の分類とはいささか違って，300 nm より短波長のものを一括してこう呼んでいるようです．略号も DUV（deep ultra-voiolet）と言います．

UV-B は別名をドルノ線とか保健紫外線などと言います．皮膚内でデヒドロコレステロール（プロビタミン D）をビタミン D に変化させることが可能なので，以前は佝僂病（くる）の予防のためもあって，特に高緯度地域に生活している人たちにとっては，日光浴が必要不可欠でした．現在のようにいろいろなビタミンを含むサプリメントが容易に入手可能となれば，確かに昔ほどには日光浴に頼らなくとも済むのかも知れません．それでも北欧の人たちは，夏場になるとヌーディストキャンプに集まったりして，貴重な日照時間を有効利用することに努めているようです．

一時期流行した「日焼けサロン」は，人工の太陽灯，つまり UV-A と UV-B の領域の紫外線を用いて，お肌を健康色にするというのが売り物でした．通常の日焼けはもっぱら UV-A によるものですが，この UV-A による日焼け（サンタン suntan）と，UV-B による日焼け（サンバーン sunburn）は，どちらも紫外線に対する人体の自己防衛反応なのです．UV-B は別名を「保健紫外線」とも言いますが，大気を通過して地表にまで届くぐらいの量では，人体にそれほど有害

ではなく，前述のようにビタミンDの生成などに貢献しています．

普通の日焼けなら，紫外線によって生じる細胞の傷害が内部までおよばないように，自己防衛をするシステムが人間の皮膚にはそなわっているのです．このための物質はメラニンと呼ばれる濃く着色した分子で，アミノ酸のチロシンが，酵素のチロシナーゼによって酸化されて生じるものです．メラニンを作る細胞（メラノサイト）は皮膚の中の毛根と同じぐらいの深さにあるので，髪の毛の色もこのメラノサイトが供給するメラニンが毛根の細胞に供給されて，「翠緑（みどり）の黒髪」を作り上げるのですが，加齢とともにこのメラノサイトの働きが衰えると，髪の毛には十分な量の色素が供給できなくなって「白髪」が生じることになるのです．

髪の毛を脱色するには，通常は過酸化水素によってメラニン色素を分解するのです．これが「ブリーチ」剤ですが，といっても本当に完全に脱色するまで処理をしたら，髪の毛自体が傷んでしまいます．そのために，ブリーチ剤の中の過酸化水素の濃度は1％から数％ぐらいに設定されています．なるべく低い濃度で有効に脱色ができるようにさまざまな化合物を加えることが検討されていますが，その昔の解熱剤でもあったフェナセチンを微量（0.01％ほど）添加することで，過酸化水素の効力を増強できるという報告を目にしたことがあります．

皮膚のシミなども，日焼けと同じようにメラニンのなせる業なのですが，本来ならば皮膚の細胞はどんどん入れ替わっているので，きちんと代謝が営まれていれば，紫外線などの外的刺激がやんだなら，作るよりも除かれる方が多くなって，次第に薄くなってしまうはずのものです．つまりある意味では定常状態にあり，必要な分だけ作られ，また失われていくのです．ところが時としてメラニンの生産量の方が失われる量より多くなると，蓄積が起こってシミが出現することになります．この場合には毛髪と違って，生きている細胞の中に色素があるわけですから，過酸化水素のような酸化剤を使うわけにはいきません．この場合にはもっと穏やかなやり方で脱色するほうが望まれます．毛髪の細胞と違って，皮膚の細胞は生きて活動しているわけですから，強力な酸化剤などの使用など論外です．かえって肌を荒らしてシミを作ってしまったりする結果にもなりかねないのです．

その昔から大和撫子各位のお肌を白くするには「鶯の糞」が使われました．さ

すがに今では「糞」という字は憚られるのか「うぐいすの粉」という名称になっているようですが，現在でも化粧品コーナーでたまに見掛けます．驚いたことに輸出もされているようで．イギリスのセレブ（WAGs）の一人ヴィクトリア・ベッカム夫人の愛用の化粧品の一つでもあるという週刊誌記事もありました．

今から二百何十年も前の寛政年間に，藍染めの反物の上に小鳥が落とした糞のために色が抜けて白いまだら模様になったのに着目して久留米絣を創案したといわれる井上伝女史の逸話がありますが，小鳥の糞には穏やかな還元作用があるのです．皮膚の表層から穏やかに作用して，メラニン色素を還元分解することで「お肌を白くする」わけなのですが，一時期流行したレモンパック（アスコルビン酸，つまりビタミンCの利用）や，我が国各地の温泉の土産になっている「洗い粉」（これはコロイド状硫黄が主成分）なども同じように穏やかな還元漂白力を利用しているのです．

●コールドパーマ

その昔，髪の毛にウェーヴを掛けるのは結構大変でした．以前（1997年）のNHKの朝の連続テレビ小説にもなった吉行あぐり女史（2012年現在我が国最高齢の美容師）の自伝，『梅桃（ユスラウメ）の実るとき』にもありましたが，カーラーに髪の毛を巻き付け，電熱フィラメントを内側に設置したお釜のような加熱器をかぶって熱処理で形を固定したのです．

第二次大戦後まもなく，アメリカからコールドパーマが導入されました．これは髪の毛の蛋白質であるケラチンが，硫黄を含むアミノ酸であるシスチン残基の-S-S-結合で構造を固定されているのを，還元剤（チオグリコール酸塩，現在はアンモニウム塩が使われていますが，当時はまだナトリウム塩だったらしい）と反応させることで二つの-SH基に変えて柔らかくし，その後好みのヘアスタイルにセットしてから酸化剤によってまた-S-S-結合（当然ながら前とは違ったところにできます）をつくらせてウェーヴをつけるのです．これなら前と違って単に濡れた髪を乾かすだけなので，以前のような加熱処理はいらなくなりました．だから「コールドパーマ」なのです．

この時の酸化剤には以前は臭素酸カリウム（$KBrO_3$）がもっぱら用いられていました．現在ではその他に過酸化水素水を使用するところもあるようです．こ

のあたりは修業した学校での流儀がそれぞれ引き継がれているようで，美容師さんたちの好みも分かれているらしく，特にどちらが優れているということもないようです．

═══════════════════ **Tea Time** ═══════════════════

ワッケンローデル液と洗い粉

冷却した水中に硫化水素と二酸化硫黄とを繰り返し吹き込むと，ポリチオン酸（$H_2S_xO_6$）を含む水溶液ができます．これはドイツのイエナ大学の化学の教授であったワッケンローデル（H. W. F. Wackenroder, 1798-1854．人参から初めてカロチンを単離した化学者）が発見したもので，彼の名を取って「ワッケンローデル液」といいますが，x の値は以前は6ぐらいが上限だと言われていました（現在ではもっと大きなポリチオン酸もみつかっているようです）．この溶液は，加熱したり長時間放置したりすると，やがて分解して，コロイド状の硫黄を析出するようになります．

一方，単体の硫黄と高温の熱水（温泉水）などが接触すると，これとは逆に二酸化硫黄と硫化水素に不均化する反応が起きるのです．つまり

$$3S + 2H_2O \rightarrow SO_2 + 2H_2S$$

これは上のワッケンローデル液の生成とちょうど逆の反応にあたります．温泉水から沈澱する「湯の華」は，化粧品などにも調合されていますが，この逆反応で生じたものと同じでき方で得られるものです．

図9に示したのは秋田県の湯瀬温泉（現在は八幡平市）の名産である「ユゼ黒砂糖洗粉」のパッケージです（http：//www.yuze.co.jp/shop/index.php?pid=1156506806-928151&page=1）．以前は本当に粉末状の硫黄華が袋に収められたものだったのですが，今では現代風の石鹸の形に整えられています．

図9 湯の華の製品の例

ウサギの目

　私ども日本人はウサギの絵を描くと，無意識のうちに赤い眼を描いてしまいますが，これは実は「アルビノ」という特別な，遺伝的にメラニンが合成されない個体に特有なものです．（雪兎（エチゴウサギ）は白い冬毛になりますが黒い目をしています）．飼育されているアンゴラ兎は純系のアルビノなのです．西洋では赤い眼のウサギは少数派で，ディック・ブルーナの「ミフィ」(「うさこちゃん」) も別に赤い眼ではありません．

　人間にも，きわめて少数ですがこのアルビノになる人がいます．メラノサイトが活動しないためにメラニンがまったく合成されないので，紫外線の影響をもろに受けることになり，太陽光線による細胞のダメージを防ぐことができないため皮膚癌になりやすいのです．驚いたことに，メラノサイトの活動が本来活発なはずのアフリカの黒人の中にもアルビノが出現するのだそうで，以前には「ウィキペディア」でも画像が紹介されていました．紫外線の強い地域で生活するのはさぞ大変だろうと思われます．

第 25 講

環境中での酸化還元

　湿った土壌や汚泥などは，いろいろな微生物の活躍する場所でもあるのですが，このうち，好気性菌などと呼ばれる一群のものは生存のためにかなりの酸素分を必要とします．限られた空間の中だと酸素を使い切ってしまったら生育できなくなって，休眠状態になってしまうのですが，酸素がない状態では逆に「嫌気性菌」の活動の場となります．嫌気性菌はもともと「酸素のある状態では生存できないが，無酸素状態だと元気に活動・増殖する細菌」を指していましたが，今では多少とも包括する分野が広くなり「酸素がなくとも活動できる細菌」あるいは「酸素がなくとも死滅しない細菌」の意味で使う分野もあるようです．

　糠味噌漬けを自宅で作られる主婦の数も減少の一途にあるということですが，このための糠床は，内部で乳酸菌が生育しやすいように，十分に空気（酸素）を供給してやる必要があり，そのために毎日のようによく手を入れてかき回してやらなくてはならないのです．ウッカリ不精を決め込んで，きちんと空気（酸素）を供給してやらないと，乳酸菌は生育できなくなり，別の（酸素不足の条件の方が増殖しやすい）細菌，たとえば酪酸菌などが増えてきて，悪臭芬々となり，酷ければ廃棄するしかなくなります．

　下水処理場などでは，生活排水は微生物にとっては栄養分がきわめて豊富な条件なので，そのまま放流すると環境汚染の原因となりますが，嫌気性菌のメタン発生バクテリアの作用によってこれらを元にメタンなどを作らせ，有機物の量を大幅に減らし，富栄養化を回避して，環境に対する擾乱の度合いを大きく減らしているのです．

　ドイツやオーストリアなどの人里離れた場所に立地している，自給自足を旨とする宗派の修道院では，エネルギー源として，飼育している家畜の排泄物や廃棄される農作物などのバイオマスからメタンを作らせ，これで日常生活の燃料や発

電などの用途に当てているというニュース記事がずいぶん以前にありましたが，炭素の化合物ではメタンが一番還元された状態に当たるわけですから，上手に活用できれば，十分なエネルギー源となり得る（もっともスケール次第ではありますが）わけです．

尾瀬ヶ原のように高所にある湿原地帯では，枯れた植物体は嫌気性の状態でどんどん堆積していくため，やがてメタン細菌の活動によってゆっくりと分解して，水素分はメタンの形で放出されて，あとには炭素分に富んだ堆積層が残ります．つまり泥炭に変化するのです．もっと時間が経つと亜炭になり，さらに地熱の影響などを受けると石炭の形にまで変化していくはずですが，これには大変な時間が必要となります．

最近のように地下での大規模な工事が行われるようになると，当然ながら換気が大問題になります．もともと地中では酸素を消費する細菌類が活動したり，もともと還元状態にある金属元素（鉄やマンガンなど）が，条件次第では空気中の酸素によって酸化されるために酸素を消費したりすることも少なくありません．このような場所を空気が通過しますと，残るのは窒素を主成分とし，酸素含量が著しく少ない気体だけです．地下の作業現場で，働いている人たちが呼吸困難にならないようにするためには，地表から圧力を掛けて空気を送り込む必要があるのですが，この一部が還元性の土壌層をくぐり抜けて，ずいぶん遠くにある地下室などの空間に吹き出すことがあります．これがいわゆる「酸欠空気」の正体らしいのです．つまり地面の中での大規模な酸化還元反応の結果として酸素が消費されてしまった結果です．

前にも紹介したエリンガムダイアグラムには，酸素分圧目盛を併記してあるものもあります．これは鉱物学や地質学の方でも酸化還元が重要であるためなのです．もっともこの場合の「酸素分圧」は，正確には，「フガシティー」とか「逸散度」などと呼ばれる，酸素の「熱力学的分圧」でなくてはいけないのですが，今の場合はきわめて低分圧の領域だけを扱うので，ほぼ同じと見て差し支えないでしょう．

関東平野に卓越している「ローム層」は，もともと富士（古富士）や箱根などの火山から長期間にわたって噴出された玄武岩質のマグマの粒子（火山灰）が堆積したのが源なのですが，別名を赤土というようにおおむね赤褐色系統の色調の

ものです．でも最初からこんな色だったわけではありません．玄武岩は，ハワイや伊豆大島の熔岩としてお馴染みですが，名前の通り黒色（「玄」の訓は「くろ」です）を呈しています．江戸時代，宝永年間の富士山の噴火の情景は，当時の大学者であった新井白石の自伝である『折りたく柴の記』に記されていますが，江戸でも最初のうちは白い灰（恐らくは細かい軽石），やがて黒色の灰がどんどん降り積もり，昼でも燈火が必要となったと記録しています．玄武岩質の火山灰であることがこれからもよくわかります．

宝永の噴火からはまだ三百年なので，酒匂川の流域などでは黒いままの堆積層を見ることもできますが，何万年も前の噴出物は，もともとかなりの割合で含まれている鉄（$Fe(II)$）が，大気や降水中の酸素の影響で酸化されて$Fe(III)$に変化し，その結果赤褐色になってしまったのです．

=== Tea Time ===

バイオスフェア 2 (Biosphere II)

1990 年代初頭から，閉じた空間内で，人間が果して定常的に暮らせるかどうかを実験で確かめようという遠大なプロジェクトがはじまったのです．アメリカはアリゾナ州の沙漠のまんなかに巨大なガラス張りの密閉した施設を建築し，この中に地球上のいろいろな環境をシミュレートした部分をつくり，多種類の動物を放って安定した生態系を作れば，やがて生態学的におちついて，その中で人間も生活できるだろうという予測だったのです．

最初は，2 年交替で 8 人の科学者がこの閉鎖空間の中に滞在し，100 年間の継続研究を行う予定だったのですが，いろいろと予期せぬアクシデントが発生し，結局最初の 2 カ年だけで中止に追い込まれてしまいました．原因はいくつもあるのですが，なかでも致命的だったのは「酸素濃度の低下」が予想より遙かに急激に起きたことだったようです．内部に作った熱帯雨林やサヴァンナなどの土壌中の微生物による酸素の消費量が予想外に大きく，ついに外部から大量の酸素ガスを内部へ送り込まないと，人間は窒息してしまう危険性すら生じてしまったのです．さらに建築材料のセメントがかなり多量の二酸化炭素を吸収してしまい，日照時間不足で内部の植物の炭素同化作用もうまく作動しませんでした．家畜も続々と死亡し，せっかくの遠大なプロジェクトも閉鎖に追い込まれてしまいました．酸素も二酸化炭素も不足というのでは，とても定常的な地球形生

命系を保持することは難しいのです．

　リチャード・モランの『氷の帝国』（扶桑社ミステリー，1994 年）はこのバイオスフェア II がきちんと稼動していて，世界各地にぞくぞくと建設され，氷河期が到来しても人類は生き残ることができるだろうというストーリーになっています．

第 26 講

地質時代と酸化還元反応 その1

　地球上の大気の組成は，地球の誕生以来かなり大幅に変動してきていることが最近判明してきました．もちろん生命がまだ活動していなかった冥王代（およそ37億年より以前）の大気組成は，現在の金星と同じようにほとんどが二酸化炭素であったろうと今では考えられています．

　この冥王代において，どのような化学反応が起きたのだろうかというのは，生命の起源を論じる上でもきわめて重要なのですが，中でも重要と思われる「ユーリー–ミラーの実験（Urey-Miller's experiment）」について簡単に触れておきましょう．

　1952年，コロンビア大学からシカゴ大学へ転任したユーリー（H. Urey, 1893-

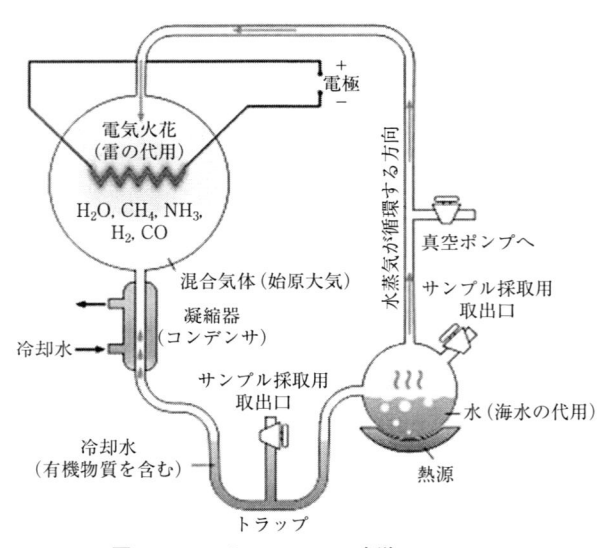

図10　ユーリー–ミラーの実験

1981) は，当時大学院生だったミラー（S. Miller, 1930-2007）と一緒に，地球の始原環境下で，どのような有機物質ができるだろうかという研究を始めたのです．もっともこの時の実験条件は，その当時考えられていた始原大気組成だったので，メタンやアンモニアなどに富んだ組成の大気を想定していたのです．

図10のように完全に滅菌した大きなガラス球にメタンやアンモニア，水蒸気，一酸化炭素，水素などの混合気体を満たし（これは当時彼らが考えた始原大気の組成なのです），高電圧（6万ボルト）を掛けられる電極を装着してこの中で放電（これはつまり雷の代わりです）を起こさせます．一方では別のフラスコを加熱して水を蒸発させて水蒸気とし，これを先ほどのガラス球内に導き，球の下部に接続した凝縮器で水に戻し（これは雨の代わり），これをU字形のトラップを経由して元のフラスコへと戻すようになっています．トラップの中途にはサンプルと採取できるように活栓（コック）がつけられていて，これで長期間連続運転を行ったのです．1週間ほどすると，最初は無色だったトラップ中の水は，ピンクに着色し，何か化合物が生成したことが窺えました．当時の微量分析手法として登場したばかりのペーパークロマトグラフィーによって解析したところ，最初はホルムアルデヒドやシアンなどの簡単な分子ができ，やがてもっと複雑な数種のアミノ酸や核酸塩基のアデニン（これは実はシアン化水素の五量体に当たります）などの存在が確かめられました．

これはその前にロシア（当時はソヴィエト）のオパーリン（A. Oparin, 1894-1980）が唱えた「化学進化説」の第一段階として「窒素誘導体の形成」が行われるはずであると主張されていたのですが，それを実験的に検証したことになるのです（2007年にミラーは没したのですが，当時の装置はまだ残っていて，現在の分析装置によると，このトラップ中の液体にはアミノ酸だけでも20種類以上が検出されたと言うことです）．

これはまだ生命誕生以前でも結構いろいろな酸化還元反応が起こり得るということの実験的証明にほかなりませんが，現在では，ユーリーたちの想像した，炭素が主にメタン，窒素がアンモニアの形をとっている還元型の大気よりも二酸化炭素や窒素，水蒸気などが主成分である酸化型の大気と考える方が主流となりました．この根拠とされたものは，アポロ計画で月から持ち帰られた岩石や隕石などに含まれる気体の分析結果なのです．そこでさきのユーリー–ミラーの実験を，

もっと酸化的な大気環境条件下において試みたところ，やはりいろいろな種類のアミノ酸やさらにこれらが縮重合した特殊な組成（グリシン，アラニン，アスパラギン酸，バリンから成る）のポリペプチドが得られたということです．

現在でも，これ以外にいろいろと混合気体の組成を変えて同じような実験が世界各地で繰り返されています．放電以外に紫外線や放射線などの照射も試みられていますが，生命体の部品に当たる有機分子は案外簡単に生成することがわかってきました．

もともと生命体の誕生以前の地球が還元性の条件にあったと推定されたのは，二十数億年より以前（つまり現代の分類だと「冥王代」）にできた鉄やウランなどの鉱床のほとんどが，低酸化数のものばかりであったことも一つの根拠となっています．現在の 0.21 気圧の酸素を含むような大気条件では，鉄はもっと酸化されて Fe(III) となるし，ウランも U(VI) の状態の方が普通です．ですがこのように古い年代の堆積層からは，Fe(II) や U(IV) などの還元された状態を含む鉱物が，むしろ普通のものとして発見されるのです．同じように黄鉄鉱などの堆積鉱床もこれほど古い年代のものしか発見されていません（現代の大気と水の存在下では，酸化分解を受けて鉄明礬石のような別の鉱物になってしまうのです）．

═══════════ Tea Time ═══════════

宇宙における酸化還元系

アポロプロジェクトで月の岩石資料が地球に持ち帰られ，ずいぶんと貴重な知見が得られましたが．何しろほとんど大気も水もないという条件なので，何十億年か前にできた当時のままの岩石や鉱物が，物理的な風化以外はほとんど変化を受けることもなく保存されていたと言えましょう．月面の黒い部分（我が国ではウサギが餅を搗いている姿に見えると言うことになっていますが）は「海」（ラテン語では「mare」）といいます．流動性の低い玄武岩質の熔岩が月の表面に溢れて流れた結果であろうと考えられ，しばらく前に行われた「かぐや」観測機による精密な測定の結果もこれを確証してくれました．大気も水もないのだから，玄武岩が風化，酸化を受けて関東ローム層のように赤系統の色を呈するということも，何十億年にもわたってまったくなかったと言えるわけです．

ところで，地球の外側を運行している火星の表面は，かなり赤い色調をしています．

これは月の表面と違って，酸化された鉄(III)が卓越していることを意味しています．この色調が赤色の酸化鉄（Fe_2O_3）と類似していることは，古代の人たちにも気づかれていたようで，ギリシャ神話の火星の神アレース（ローマ神話ではマルス）の記号である「♂」は，雄の記号のほか，鉄を表すシンボルとして，19世紀初めにスウェーデンのベルツェリウス（J. J. Berzelius, 1779-1848）によって現代風の化学記号が発明されるまで長いこと使われました．

ところで，NASAのプロジェクトの一つとして2004年の一月に火星に到達したスピリットMER-A（Mars Exploration Rover（マーズ・エクプロレーション・ローヴァー）は，ドイツのマインツ大学で製作されたミニサイズ（ほんとうに掌に収まるぐらいの小型のもの）のメスバウアー分光計（MIMOS）を搭載していったのですが，火星のメリディアニ平原に着地して，付近の表面にある物質をこれで試験してみたところ，鉄明礬石（Jarosite）が存在していることが判明しました．鉄明礬石は$KFe^{3+}_3(SO_4)_2(OH)_6$のような組成で，地球上では硫化鉄鉱の風化産物，あるいは酸性の強い温泉の析出物などとしてよく見られるものですが，もちろん月面にはありません．

火星表面にはもちろんこのほかに鉄橄欖石（Fayerite, Fe_2SiO_4）や通常の橄欖石（$(Mg, Fe)_2SiO_4$）などのFe(II)鉱物のほか，赤色酸化鉄（赤鉄鉱，Fe_2O_3），黒色酸化鉄（磁鉄鉱，Fe_3O_4）なども検出されました．しかしここで重要なのはやはりこの鉄明礬石が検出されたということなのです．火山起因の酸性の温泉か酸性の湖沼などで生成したという可能性が大で，これを含む岩石は水中で形成されたか，あるいは形成後長期間にわたって水中に浸された状態のままにあったということを示唆するものです．つまり火星表面には過去においてかなりの量の液体の水が存在していたという確証となったのです．

第 27 講

地質時代と酸化還元反応 その2：古気候学

　生命体が誕生してからあとは「始生代」と呼ばれます．今のところ四十億年以前からだろうと考えられています．しばらく以前までは，地表の海洋と陸地の面積比や大気組成などは，このころからずっと安定したものであったと考えられていましたが，現在ではいろいろなデータが集積されてきて，結構大幅な変動が起き，その影響も予想外に大きかったこともわかってきました．

　原生代の初め頃（およそ22億年以前）になると，海洋中でシアノバクテリア（以前は藍藻といいました）が炭酸同化を開始し，二酸化炭素を消費して有機化合物を作り，余った酸素は放出するようになりました．それまでの大気中の酸素濃度は，最大でも2%未満だったろうと推定されています．ところが当時の海水はまだ還元的な環境だったので，大量の鉄分が二価鉄（Fe(II)）の形で溶解していたはずです．これが酸素と反応して三価の鉄（Fe(III)）になると，水酸化物の形で海水から除かれていきます（現在の世界各地に存在している大規模な鉄鉱床のほとんどはこうしてできたと考えられています）．これでほとんどの鉄が沈殿してから，ようやく大気中の酸素濃度が増加してきます．これに太陽からの紫外線が降り注ぐと，やがてオゾンが大気中に生じ，これが短波長（つまり高エネルギー）の紫外線を吸収するので，地表までは届かなくなってしまいます．

　最近では，この太古代（冥王代，始生代，原生代を含めた名称としては，今でもこれを使うようです）のうちに，地球表面のほとんどが雪に覆われた「スノーボールアース」状態になったこともあるのではないかと言われています．これはいってみると地球温暖化の逆方向への進行が行き過ぎた結果でもあります．結局のところ，このような地表一面が雪に覆われた状態になっても，火山の噴火などで二酸化炭素が大気中に供給されると，温室効果が働いた結果，雪や氷は融けて比較的短時間（もちろん地質学的な意味ですが）のうちにやがてもとの状態へと

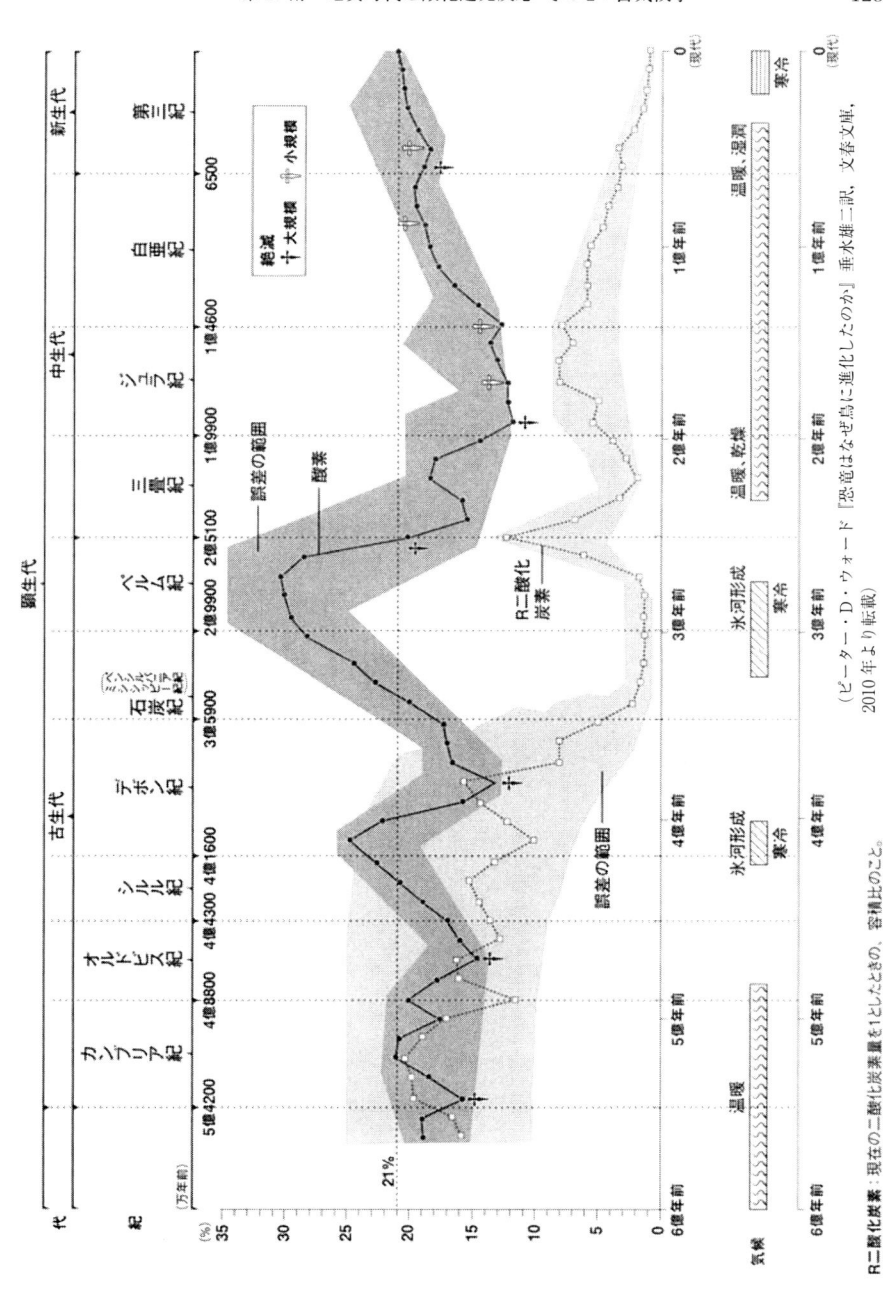

第27講 地質時代と酸化還元反応 その2：古気候学

図11 大気中の酸素濃度とR二酸化炭素の推移（%）

(ピーター・D・ウォード『恐竜はなぜ鳥に進化したのか』垂水雄二訳、文春文庫、2010年より転載)

R二酸化炭素＝現在の二酸化炭素量を1としたときの、容積比のこと。現在の大気中の二酸化炭素の濃度は、0.4%未満である。

戻り，海洋が再生したのだろうと思われます．数十度にも及ぶ著しい幅での寒暖の昇降がもし現在でも起きたら，人類にとっては大変なことになるわけですが，いわゆる「地球温暖化論者」の中には，明日にでもこのようなカタストロフが起きそうだと警鐘を鳴らしているつもり（実は裏筋で巨額のオカネが動いているのだと皮肉な見方をする権威筋もありますが）の面々もいるようです．

原生代の末頃以降の大気の変化（もちろん推定値ですが）を図示したものの一つを掲げておきましょう（図11）．これはワシントン大学の古生物学のウォード教授の書かれた『恐竜はなぜ鳥に進化したのか』（垂水雄二訳，文春文庫，2010年）の74〜75頁にあるものです．この原典はイェール大学のバーナー教授一門の開発されたシミュレーションプログラム「GEOCARBSULF」から得られた結果のようですが，このプログラムの名称からもわかるように，地球上の炭素や硫黄の酸化還元による大気，環境の変動とを古生物の化石や地層の組成などのデータと矛盾しないように作り上げた結果です．ほかにも同じような試みはされているようですが，大筋においてそれほどの違いはないと考えられています．

それはともかく，古生代の初めになるとようやくこの大幅な気温のぶれは収束し，いろいろな生物相も比較的安定に成長・進化が可能となりました．やがて大気中の酸素濃度が増加してくると，太陽紫外線の影響で高層大気中にオゾンが生じ，有害な短波長紫外線に対しての有効なフィルターとして働いてくれるようになります．

こうなって初めて生命体は陸上へと進出することが可能となったのですが，最初に上陸したのはおそらくは蘚苔類（コケの仲間）だったろうと思われます．やがて植物が陸地上にも繁茂するようになると，海中よりも太陽光線を潤沢に利用できますから，大気中にあった二酸化炭素をどんどん消費して酸素を放出できるようになります．石炭紀などのように大量の樹木が陸上を占有していた頃には，大気中の酸素濃度は現在の二倍以上もあったと推定されています．これはつまり炭素分が生物体に固定された形となっていたことを意味しています．当時の巨大な昆虫（トンボなど）の化石からもこの状況が推測可能（昆虫類は肺臓をもっていないので，気管から体内組織へ直接酸素を取り込むのですから，酸素濃度が高い条件でないと大きく生育できません）です．

一方，古生代の末（二畳紀）から中生代の初め頃には，逆に酸素濃度が激減

し，現在の半分から六割程度になった時代があったらしいのです．三葉虫や海サソリなどはこの時期に絶滅してしまいました．この過酷な状況でも辛うじて生き残った動物相の中に，現在の哺乳類や恐竜，鳥類などの祖先がいたと考えられています．鳥類の呼吸器官は，哺乳類よりも遙かに低酸素状態でも有効に酸素を血液中に取り込めるようにできていて，人間のように高山病にもなることはないし，高度 8000 メートルを越すヒマラヤ山脈の遙か上空を越えて，ツルが南北方向に渡りをする（これは，当時鎖国状態だったチベットに行かれた河口慧海上人の旅行記にも記録されています）のも，この呼吸システムが備わっているためと考えられています．さきほどのウォード先生の本の最初の所にも，人間なら高山病でダウンしてしまうような過酷な環境よりももっと酸素濃度の低い高空をものともせず飛行していくインドガンの渡りについて，同じように触れられています．

　大気中の酸素濃度の経年変化（推定値）はさきほどのグラフからもわかりますが．同じように二酸化炭素濃度も著しく変動しています．この酸素濃度や二酸化炭素の大幅な増減の原因としては，前にも述べたもののほかにもいろいろなものが考えられるのですが，現在といえどもまだ万人を納得させられるほどの説明は完成していません．こういう分野こそ「京」のような超高速コンピュータの活躍できる分野かも知れません．

　現在の「環境保護」を旗印としている面々は，いろいろな学者先生の出したデータのなかから，誤差や変動を完全に度外視して，自分の議論に都合のいい数値だけをつまみ食い（これは原発事故以来の「放射能コワイコワイ教」の教祖方と同じ）して，善男善女をまどわせています．でも過去の生物相の変遷を考えると，人間をも含めた生物体の生命力（つまりダメージを受けても復元する能力）は予想外に強力であるらしいのですが，しかもその元となる機構の一部すらまだよくわかっていないのです．

= Tea Time =

17 億年前の原子炉

アーカンソー大学におられた故黒田和夫教授（P. K. Kuroda, 1917-2001）が，今から半世紀ほど前，渡米されて間もない頃の1956年に，「核分裂性のU-235の存在割合は，太古代においては今よりもずっと多かった（現在では0.7%しかありません）はずだから，条件さえ整えば持続的に核分裂をおこす「天然原子炉」ができていた可能性がある」という論文を出されました．当時のアメリカの物理学者連は，フェルミが大変な苦労をしてシカゴ大学で原子炉を構築した記憶がまだ新しかったせいか，「そんな馬鹿なことがあるものか」と完全に無視を決め込んでいたのです．

ところがそれから十数年ほどして，フランスのウラン精錬工場で，アフリカのガボン共和国（その昔はフランス領赤道アフリカといいました）からきた高品位のウラン鉱の中のU-235がずいぶん少ないことが報告されました．たちまち大騒ぎになって，問題のウラン鉱の産地（オクロ鉱山）の鉱床の調査が行われ，本当に太古代に天然原子炉として活動していた証拠が見つかったのです．これは太古代の海の中で，特別な藍藻が海の水の中からウラン（おそらくはU(VI)の状態で溶解している）を集めて堆積し，これが臨界条件を越えるほどの集積となって，海水が減速材の役割をしたために，長期間にわたって連続的に活動したものと考えられています．

第 28 講

工業界での酸素や水素の需要

　あまり世人の目に触れないせいで，とかくなおざりにされている感じもありますが，酸素ガスによる大規模な酸化プロセスは，製造業においての重要な部分を占めています．もちろん燃料としての消費量も大変なもので，たとえばガラス工業などでは，空気のかわりに純酸素を使って加熱効率を増加させたり，融解ガラス中の気泡の除去を早めたりしていますし，熔接につかう酸素アセチレン炎にも大量の酸素が消費されています．だがこれらほど目立たないけれども大規模なのは，鉄鋼製造の部門です．

　その昔の製鉄は，紀元前14世紀（今ではもっと古くまで遡れるということですが），現在のトルコに当たる小アジアの中央部，ヒッタイト（ハッティ）王国で始まったとされています．もちろんそのころは，今日風の熔鉱炉などありませんでしたが，それでも，特別な地形を利用して鉄鉱石と炭素（木炭や石炭），それに石灰分などを混ぜて還元して銑鉄を得て，その後鍛えることで鉄鋼製品をつくる方法が採用されたということです．ただ，鉄の遺物は残りにくいので，まだまだ不明な部分も多いのですが．

　一方，東洋での熔鉱炉（高炉，blast furnace）の歴史は，紀元前五世紀ぐらい，つまり，周代の末期の春秋・戦国時代には始まっていたと考えられています．もちろん原始的なもので，毛沢東のお声掛かりで復活した「土法高炉」のように，手間とエネルギーばかりかかるのに，低品質の製品しか得られなかったのですが，これで得られた鉄はもっぱら鋳造用に用いられたようです．

　日本刀の原料となる「玉鋼」は，これらとは異なった方法で製造するのですが，「踏鞴炉」によって最初から炭素分の少ない「鋼」ができるように工夫した「和鋼」でした．

　現在の主要な製鋼法は，融解させた銑鉄を入れた転炉の上部から，水冷した長

い槍のような管（英語では lance といいます．文字通り昔の西洋の騎士たちが愛用した長槍のことです）を用いて純酸素を吹き込み，銑鉄中の多量に溶解している炭素分や，ケイ素その他の不純物を酸化して除くのです．これはオーストリアで発明された L-D 法（リンツ-ドネヴィッツ法）と呼ばれる製鋼法ですが，最初に転炉を発明したイギリスのベッセマー（H. Bessemer, 1813-1898）は，底部から空気を吹き込む構造のものを作ったのです．でもこの改良法がまもなく世界中に広まりました．高温状態なので炭素分は一酸化炭素に酸化されるのですが，このときの反応熱で銑鉄は融解したままに保たれます．銑鉄の中の炭素分はおよそ数％ほどもあるのですが，一酸化炭素に酸化されるので除去されます．この時の温度はおよそ 1500℃ で，酸化鉄（FeO）の分解温度（1360℃）よりも高温なので，酸素を吹き込んでも鉄が酸化されることはないのです．

　この時に，熔銑の中に含まれているケイ素やマンガン，リンなどの不純物も同時に酸化されて融けた鉄の上に浮かぶ（スラグ）ので純度の高い鉄（鋼）が得られるのです．このとき発生する一酸化炭素主体の高温のガスはよく「転炉ガス」などと呼ばれますが，ボイラーの燃料としたり，高炉へ送り込んで再利用したりします．

　工業界での大きな需要のもう一つにはパルプの漂白があります．紙製のコーヒーフィルターの包装によく「酸素漂白」と印刷してありますが，以前のパルプの漂白はもっぱら塩素によるものでした．ところが廃液処理やダイオキシンの生成などが問題となって，塩素漂白はだんだんシェアを落とし，現在の我が国では，パルプ製造はもうほとんどが酸素漂白方式になってしまいました．この際に必要とされる酸素は，微量の窒素などを含んでいても構わないので，液体空気の分別蒸留によるものほど純粋である必要はなく，吸着分離法の一つである PSA 法（Pressure Swing Absorption，つまり圧力変動吸着法）を利用して窒素やアルゴンと分離したもの（純度 97％ 以上）がよく用いられているようです．これならば比較的小さな装置を自前で設置することも可能なので，液化した酸素をタンクローリーで遠くにある分留工場から運んでこなくともすむわけです．もっとも酸素だけでは用途によっては漂白が不十分な場合（製造してから長時間経過後の着色が問題となるようなケースでは，塩素漂白をしたものよりも変色の度合が著しいことがある）もあり，その際には過一硫酸（H_2SO_5）や二酸化塩素などを併用

することもあります．

　水素の大口需要は，何と言っても空中窒素固定（ハーバー・ボッシュ法）でアンモニアを合成するためのものです．現在では工業用電力のコストが以前より高くなったので，天然ガス中のメタンから水素ガスを生産する方法のシェアがどんどん増加してきましたが，その昔の工業用苛性ソーダ生産の際には，副産物として大量の水素が得られ，これが肥料合成に回されました．

　現在でも，北朝鮮では農業用にもっぱら硝酸アンモニウム（硝安）をつかっているらしく（硫安を作るのに必要となる硫酸が作れないためらしい），そのために流亡が激しくてなかなか肥料の効き目がでないのだということです．

=========== Tea Time ===========

水素爆弾と水素ボンベ

　日本語の「ボンベ」というのはドイツ語由来で，円筒形の密閉容器，転じて爆弾の意味でもあります．英語では普通には「cylinder」です．以前にアメリカへ留学されたさる有機化学の先生（もう今では名誉教授ですが，当時は若手のチャキチャキでした）が，水素添加の実験をなさるために，研究室で水素ボンベがどこにあるかと仲間に聞いたら，「そんなアブナイものはないよ」といわれたので，「まさか，日本ならどこの研究室にだって水素ボンベ（hydrogen bomb）が何本かは揃えてあるものさ」といったところ，研究室員一同から「オマエの国は大学ごとに核武装しているのかね」とゲラゲラ笑われてしまったそうです．どうしてかさっぱりわからなかったのですが，やがてボスの教授（若い頃ドイツへ留学されたことがある）が気がついて「ああ，彼の言っているのは「hydrogen cylinder」のことなのさ．日本の化学用語はドイツ語からのものが多いからね」と説明されてようやく一件落着となったということです．もっとも現代のドイツでは「Wasserstoffbombe（つまり水素ボンベ）」は，化学の実験室以外ではやはり水素爆弾の意味で使われることが多くなったようですが．なお熱量計の「ボンブカロリメーター（bomb calorimeter）」では，昔風の（つまりドイツ風の）「密閉容器」としての使われ方がまだ残っています．

飛行機での酸素マスク

　飛行機に乗ると，客室乗務員がアクシデントの際の対策の説明をする（この頃はヴィデオになっているのも多くなりましたが）のはすっかりお馴染みですが，この折に，緊

急時には客室の天井から酸素吸入用のマスクが下りてくるので，鼻と口に当てて呼吸を確保するようにと指示があります．高空（成層圏）を飛行する航空機の機内は，通常は0.8気圧ほどの大気圧に調節されていますが，外気はずっと希薄ですから，うっかりリークが起きると，乗客はみんな呼吸困難になってしまいます．そのための安全対策なのですが，この酸素はどこから供給されるのか，疑問を抱かれる方々もおいででしょう．

「もちろん酸素ボンベを積んでいるんだ」といわれた方もいましたが，航空機の飛行に際しては，余分な重量をできるだけ減らすことが至上命令，何十キロもある酸素ボンベを，何百人分の呼吸用にいくつも余分に揃えておく（しかもふだんは不要）なんて不経済なことはできません．「それじゃ液化して特別な魔法瓶にでも入れたら」なんてメイ案を出された方もいますが，液化酸素は航空機積載禁止物品になっていますから，これだって無理です．

この際には，塩素酸カリウムの粉末結晶と，金属鉄の細粉（やすり屑）がパックされたものが準備されていて，必要な時にこの両者が接触することで塩素酸カリウムが急速に分解して酸素を生じるのを利用しているのです．その昔の酸素発生実験では，二酸化マンガンの触媒作用を利用して塩素酸カリウムの分解を行わせるというのが定番でしたが，これの現代版とも言えます．これなら重たいボンベを飛行機に乗せる必要もないし，相互に接触しないようにしてあれば安全性も十分に保たれるのです．

第29講

活性酸素といろいろな高エネルギー酸化物

　昨今のマスコミがつくった，一見専門の科学用語めいた言葉の中には，「エセ化学用語」も結構あるようです．「環境ホルモン」とか「活性酸素」など，正体がはっきりしないうちに何かと尾ひれがついて一人歩きするようになり，そのために「なんだかわからないけれどオソロシイ」ということになって余計に善男善女の不安をいたずらに煽る結果となりがちなのです．

　それでも「活性酸素」の方は，生理学や医学，薬学の方面から地道な研究が行われ，次第に正体が判明してきたと言えます．これも大先生方によって，かなり広い意味にとられる方々と，もっと限定した意味に使うべきだと主張される向きの両方があるようですが，通常の酸素分子よりも余分なエネルギーを持っていて，酸化剤としての反応活性に富むもの（化学種）を指すものとして，まず動かないものとしては下記の4種類が挙げられます．

$O_2 \cdot ^-$　　超酸化物（スーパーオキシド）ラジカル
$HO\cdot$　　ヒドロキシルラジカル
H_2O_2　　過酸化水素
$^1O_2$　　一重項酸素

この中で「一重項酸素」というのは比較的目新しい言葉かも知れません．通常の酸素分子は常磁性（不対電子を2個含む）なのですが，この2個の電子は別々のオービタル（分子軌道）に収容されています．スペクトルの多重度（スピン多重度）というのは，不対電子の数をnとしたとき$2n+1$で与えられる数のことですから，通常の酸素原子は三重項酸素ということになります．ところで，この2個の電子が対を形成して反磁性となった酸素分子は，当然ながらスピン多重度は1と

なりますが，こちらはかなり大きなエネルギーをもっている（945.3 kJ/mol）ことが知られています．

このほか関連する化学種としては

HOO·	ペルオキシドラジカル
ROOH	有機ヒドロペルオキシド
ROO·	有機ペルオキシドラジカル
RO·	アルコキシドラジカル
HOCl	次亜塩素酸
$Fe^{4+}O$	フェリルイオン
$Fe^{5+}O$	ペリフェリルイオン
NO·	一酸化窒素
NO_2	二酸化窒素
$ONOO^-$	ペルオキシ亜硝酸イオン

などが含まれます．このうちの一酸化窒素や二酸化窒素，ペルオキシ亜硝酸イオンなどは光化学スモッグの元凶となる「オキシダント」（文字通りには「酸化剤」）としてもおなじみですが，体内においても重要な生化学的作用を示すことが知られています．一酸化窒素は天然に存在するラジカル分子ですが，一時期騒がれた「バイアグラ」の薬効が発揮されるためには，血液中の一酸化窒素の存在が極めて重要であることもわかっています．もちろん高濃度になれば有害であることは大方の化学種と同じです．

われわれの体の中には，この種の有害な化学種を分解して無害化するための酵素が存在しています．一方的に被害を受けっぱなしということはないのです．たとえば過酸化水素水を怪我で出血したところにつけますと，血液中にあるカタラーゼの作用で分解が起きて，酸素の気泡が激しく発生します．嫌気性の有害微生物はこの作用で物理的にも取り除かれるというわけです．同じように過酸化水素や過酸化物はペルオキシダーゼによっても分解されるので，残るのは酸素と水だけです．

もっと高いエネルギーを保っている超酸化物（スーパーオキシド）を分解するのは，よくSODと略称される「スーパーオキシドディスムターゼ」で，これは

超酸化物イオン O_2^- を水分子と反応させて過酸化水素に変える作用を保っています．そのあとはカタラーゼやペルオキシダーゼの作用で完全に無害化するというからくりになっています．

でも，これらの酵素の処理できる限度を超えてしまうと，もはや分解不可能となってしまいます．極端な場合には酵素分子そのものが破壊されてしまうことになります．ですから，「多すぎるならば有害」なのだけれど，通常存在しているぐらいの量ならわれわれの体自体がきちんと処理する能力をもっているのだということは，もっと心得ておいていいことの一つかも知れません．これだけで無用の心配をせずに済むし，ヘンな宣伝に乗せられなくなるのですから．

================== Tea Time ==================

超酸化物の調製

アルカリ金属元素を空気中で酸化する（つまり燃焼させる）と，リチウムならば予想通りに Li_2O が得られるのですが，ナトリウムは Na_2O_2，つまり過酸化ナトリウムとなりますし，カリウム，ルビジウム，セシウムではみな MO_2 の形の超酸化物が得られます．

超酸化カリウム（KO_2）は，塩基性の酸化物ですから二酸化炭素と反応して酸素を放出します．そのために以前に宇宙ステーションやスペースラブなどでの救急用酸素発生源として候補となったこともありました．でも現在ではもっと普通に得られる（かつ比重も小さい）過塩素酸リチウムのほうがもっぱら使用されているようです．

第 30 講

深海熱水噴出孔

　人類ははるばる月の表面にまで足跡を印しましたが，足許に広がる海の底については，今でもよくわからない部分がたくさんあるのです．その中でも比較的最近得られた貴重な発見事項の一つに，深海における熱水噴出孔の発見とその周囲における特殊な生物の集団や鉱物の集合体の存在があげられます．

　もともと，エジプトとアラビアを隔てている紅海の海底には，特殊な鉱物が集積している泥質の熱水鉱床の存在が知られていました．海底にある断層から60℃ほどの熱水が湧出して，泥質の重金属を含む層を形成していたのです．ところがこれとは別に，1976年のこと，東太平洋海嶺のガラパゴス諸島付近で，アメリカの深海探査船であるアルヴィン号が海底の水温を探査中，水深3000m以上の深海で著しく高温の熱水が湧出しているのを発見したのです．最初は通常の海水温測定用の温度計を降ろして見たところ，支持材のプラスチックがみるみるうちに曲がってしまい，慌ててもっと高温の測定が可能なものを使って測定したところ，400℃を越える高温であることがわかって海洋学者を驚かせました．

　水には臨界条件（温度374℃，圧力220気圧）があって，この温度以上ではもはや液体としては存在できません．いまの深海の噴出孔からの熱水は，この臨界条件よりも高温高圧状態にありますのでいわゆる「超臨界水」であり，深海水（温度は氷点よりわずかに高い）と接触して冷却することで，多量に含まれている金属の硫化物などを煙突状に析出します．これが「ブラックチムニー」と呼ばれるもので，場所によっては著しい速度で生長するものも観察されています．日本近海でも同じような熱水の噴出孔の存在が確認されていますが，なにしろ深い海の底なので，まだまだ各地にあるのではないかといわれています．海底の岩層には，ボーリングして孔を開けると，ものすごい勢いで海水を吸い込むことも珍しくない（つまり渇水状態にある）のだそうで，このように割れ目から吸い込ま

れた海水が地層中でイオン交換によりいろいろな金属イオンを洗い出し，今の熱水噴出孔から送り出しているのだと想像されています．

我が国の大館盆地その他に見られる「黒鉱」（kuroko は津波などと同じく国際語になった日本語の一つです）の成因は，ひょっとしたらはるか昔の地質時代に活動した海底熱水噴出孔の析出物ではないかとも考えられています．たしかに成分などよく似ているところが多いのです．これと別に「ホワイトチムニー」と呼ばれる色の淡い鉱物のチムニーもあり，こちらは硫酸バリウム（重晶石）や硫酸カルシウム（石膏）などを主成分とするものです．ブラックチムニーは主に低酸化数の金属イオンの硫化物（S(–II)）からなっているわけですが，ホワイトチムニーは硫酸塩主体，つまり硫黄は高酸化数（S(VI)）になった状態で，これらが近接して存在するのはどのようなからくりなのか今でもよくわかっていません．

この熱水噴出孔の周囲では，もちろん太陽光など届かないほとんど暗黒の世界なのですが，いろいろと特殊な生物相が集まって棲息しています．チューブワームやシロウリガイなどが典型的なもののようです．これらの生物の栄養源となっているのは硫黄細菌のようで，熱水中に含まれる硫化水素を，海水中に溶解している酸素で酸化することでエネルギーを得ていると考えられています．つまり

$$H_2S + \frac{1}{2} O_2 = H_2O + S + 176 \text{ kJ}$$

のような反応で，周囲に硫黄を析出分離するのです．

よく写真で見られるチューブワームは頂部（エラ）が赤色をしていて，体の本体は筒状の鞘の中に棲息しているのですが，これは消化器官をもたず，体内に寄生させている硫黄細菌の活動によって得られるエネルギーや有機物質を生存に利用しています．この赤色はヘモグロビンの色なのですが，ヒトの体内にあるものとはいささか構造がちがっていて，このような環境に適合した機能を備えているようです．

なおこの「チューブワーム」は和名を「ハオリムシ（羽織虫）」というのですが，もっと浅い海底でも棲息が確認されています．なかでも鹿児島の錦江湾（その昔の始良カルデラのあと）の海中にある「たぎり」と呼ばれる硫化水素ガスの噴気孔の近く，深さ 82 m 程度の所に棲息している「サツマハオリムシ」も同じように赤色のエラをもっていて，同様に硫黄細菌を栄養源としていると考えられ

ています．さすがにガラパゴス付近のものに比べればサイズは小さいですが，世界中でもっとも浅い海域に棲息するものとして珍重されています（JAMSTEC（海洋研究開発機構）のウェブページに飼育しているサツマハオリムシの美しい画像があります．産卵状況もみられます）．

=== Tea Time ===

都市鉱山

昨今，「特亜三国」などと言われるお隣の各国，なかでも中国は，レアメタル資源の価格を操作して，一時期ダンピングさながらの安値で世界市場を支配し，各国の鉱山をかたっぱしから閉山に追い込んだあと，自分だけで相場を左右できるようになったら巧みに価格をつり上げて大もうけをたくらんでいるといわれています．

ところで，このレアメタルの主な需要先は，我が国の家電や電子機器などの心臓部などに組み込まれているチップ類などのほか，昨今では超小型マグネットや発光素子などですが，やはりこんな因業な供給国に頼らずに済めばそれに越したことはありません．

ところで，秋田県の大館盆地あたりに産出する「黒鉱」は，複雑な混合金属硫化物で，地質時代の海底にあった熱水噴出孔の堆積物の集積したものだろうと考えられています．この処理に我が国の金属精錬工業はさんざん苦労させられたのですが，現在ではこの精錬に使われた手法を活用して，廃棄家電や電子部品から高価な貴金属やレアメタル類を効率よく回収することに成功しました．

もともと黒鉱には多種多様の元素が含まれているのですから，その中からできるだけ有用な元素を回収し，廃棄物をほとんど出さないように精錬するというのは大変な技術が必要でありますが，凝り性の我が国のエンジニアのこと，巧みにやり遂げたのです．

それに比べると，廃物の家電や電子物品などのように素性のわかっているものであれば，回収処理自体ずいぶん容易でもあるわけで，これらの有用な廃物がワンサとある大都市など，まさに格好な資源，つまり有望な鉱山に他なりません．だから「都市鉱山」などと言われるようになりました．

以前から，コンピュータ基板に含まれている金の回収は熱心に行われていたのですが，昨今はほかのレアメタル元素にまで対象が広がってきているようです．中国あたりでの回収は，廃物を野焼きして，あとの灰の中から金だけをかき集めるのがせいぜい（そのために著しい環境汚染を引き起こしているのですが）なので，精密な化学処理など最初から念頭にもないのだそうです．

付　録

●簡単な化学熱力学

　きちんとした平衡論の取扱いには，たとえば松永義夫先生の書かれた『入門化学熱力学』（ベーシック化学シリーズ3，朝倉書店，2001年）や，小出 力先生の『読み物 熱力学』（裳華房ポピュラーサイエンス，1998年）などをご覧になればいいのですが，手元にない方もお出でだろうと思いますので，とりあえず最小限と思われる部分だけここにまとめておきます．もちろん不十分な点も多々ありますから，その際には末尾に記してあるものをご参照ください．ただ，ほとんどの化学熱力学のテキスト類は，読者に十分な数学の素養があることを前提として書かれていますので，そのあたりがもし不安ならば，大阪大学の大岩正芳先生の書かれた『化学者のための数学十講』（化学同人，1979年）などを手元に置かれると便利かと存じます．

　酸化還元反応も化学反応の一つですから，反応系がもともともっていた全エネルギーが，生成系の全エネルギーより大きければ，当然ながら進行するのはエネルギーの低い方へとなるわけです．昔からのことわざで「水は高きより低きに落ちる」というのは，力学的エネルギー（ポテンシャルエネルギー，つまり位置のエネルギー）の大きなところから小さなところへと進行するということで，これを利用して電気を起こす（電気エネルギーに変換）のが「水力発電」にほかなりません．ダムなどを作ってエネルギーを余分に持っている水を溜め，これで発電機を動かすことができれば，この蓄えられた分のエネルギーを有効に利用可能となるのです．また，「揚水発電」などと言われる方式は，夜間に工場や家庭などでの消費電力量が減少したとき，原子力発電所などのように連続的に稼動させないと効率よく動かない発電装置からの電力（電気エネルギー）を使って，下流の水を送水管によって上のダムに揚げ，ポテンシャルエネルギーの形にして蓄えて，昼間の繁忙時間にこれを使って発電を行わせるシステムを指しています．

化学の世界でエネルギーを論じるときには，今の簡単なポテンシャルエネルギーだけではうまくいきません．ここで重要なのは，「ギブスの自由エネルギー」と呼ばれる量です．略してギブスエネルギーと呼ぶことも多いのです．最近のテキスト類はこちらが主になっているようです（これは IUPAC の勧告に従っているためらしい）．物質そのものはそれ自体でエネルギーを持っています．これは内部エネルギーと呼ばれるもので，通常は U という記号で表します．通常の化学反応を扱う場合には，圧力一定条件の方が多い（これはわれわれがいわば大気の海の底，つまり一気圧条件でいろいろな物事を処理するのが普通となっているからです）のですが，この条件では温度が変化すると，気体ならば体積が大きく変化します．この体積変化の仕事に対応するエネルギーは pV にあたりますが，化学工学の方では「フローエネルギー」という言葉で呼んでいます．内部エネルギーとフローエネルギーの和のことをエンタルピーと言い，記号は H で表現します．熱化学方程式や相変化などを表す式で，右辺に ΔH という項が現れますが，これはエンタルピーの変化分です．

ところで，われわれが実際に利用可能なエネルギーというのはこれだけでは決まりません．世の中にはエントロピーという奇妙なものが存在していまして，これと熱力学的温度の積をいまのエンタルピーから差し引いた残りが，ギブスエネルギーで，これの記号は普通には G ですが，書物によっては F を使っている場合もあります．エントロピーを表す記号は S，絶対温度（熱力学的温度）は T で表すとすると，

$$H = U + pV$$
$$G = H - TS = U + pV - TS$$

これらの相互関係は図 12 のように表すことができます．

ところで，熱力学（thermodynamics）というのはもともと熱と仕事の変換についての学問でありました．つまり，ワットの蒸気機関に始まる産業革命とともに発展してきたものなのです．ところが，この「熱」と「仕事」というのは実に厄介な量なので，最初のうちは経験に頼った「術」の要素が大きく，関連した他の分野との連繋もたいへんに厄介でした．というのは，この「熱」と「仕事」のどちらも，いわゆる「状態量」ではないからなのです．状態量とは，温度，圧力，物質量などの条件を定めると一義的に定まる量なのですが，この熱力学のそ

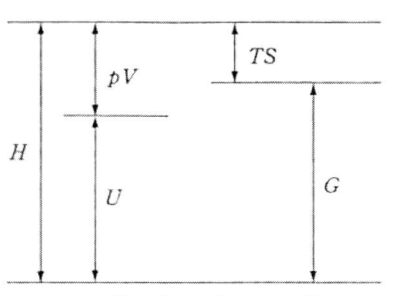

図 12 熱力学的関数の相互関係

もそもの主対象である「熱」（記号 Q）も「仕事」（記号 W）も，これだけの条件では決められない「非状態量」の典型なのです．そこでいろいろな仮定を導入して，このなかなか始末のつかない二つの量を，状態量を使って表現し，それによって予測を立てたり，効率を計算したりすることが可能となるようにしようということで，今日の熱力学が発展してきました．

つまり，熱も仕事もエネルギーの一形態である以上，ほかの状態量であるエネルギーの諸形態から，少なくとも有効な近似値を求めることが可能となったというわけなのです．

先ほどのギブスエネルギーを表す式の中の TS はよくエントロピー項などと呼ばれます．これは式をご覧になればわかるように，エンタルピーと利用可能なエネルギーとの差に当たるわけで，エネルギーを「オカネ」にたとえると，エンタルピーが収入，TS はいわば必要経費で，ギブスエネルギーは支出可能額に当たると言えるかもしれません．

上で触れた熱力学的函数の U, H, G などは，圧力，体積，温度などの函数として表現できます．つまりギブスエネルギーなら $G(p, V, T)$ のように書けますが，絶対量を求めることは普通にはできません．もっともその必要もないのです．これはほかの物理量を考えればわかります．たとえば実験机の上で落体の運動を観測する（NHK テレビの「ピタゴラスイッチ」などでごらんになればわかりますが）場合，いちいち地球の中心からの距離や海抜高度を用いてポテンシャルエネルギーを計算する必要性などありませんし，それだと必要な精度も得られません．基準点さえ明確（今なら机の平滑な表面）であれば，あとはそこからの変化分を必要とされる精度で測定できればいいのです．ですから上の式も通常は変位

を表す Δ をつけた形の

$$\Delta H = \Delta U + \Delta(pV)$$
$$\Delta G = \Delta H - \Delta(TS) = \Delta U + \Delta(pV) - \Delta(TS)$$

のようにすべきなのです．

$$\Delta H = \Delta U + \Delta(pV)$$
$$\Delta G = \Delta H - \Delta(TS)$$

となるわけです．

　なお本文にもある「エリンガムダイヤグラム」（第12講参照）は，この関係式で，ΔH と ΔS の温度依存性が小さい（定数で近似できる）場合に，ΔG の温度依存性を表したグラフに他なりません．

　こうしますとこの二つの式に現れている各項はすべて状態量なので，微小変化は微分記号に置き換えることができます．

$$dH = dU + pdV + Vdp$$
$$dG = dH - TdS = dU + pdV + Vdp - TdS - SdT$$

のようになるわけです．われわれが通常取り扱う実験条件というのは定温定圧条件なので，dT や dp は当然ゼロですから，上のギブスエネルギーの微分はもう少し簡単になって

$$dG = dH - TdS = dU + pdV - TdS$$

のように表せます．多くのテキスト類にはいきなりこの形で出てきているのですが，やはり簡単でもこうなった道筋を一わたり紹介してみました．エンタルピーやギブスエネルギーの変化分，つまり ΔH，ΔG は，それなりの手段を用いれば測定可能です．エンタルピー変化は熱エネルギーの形ですから，熱量計などを使えば測定可能です．一方，ギブスエネルギー変化の測定にはいくつかの方法がありますが，今の酸化還元反応など化学現象の取扱いに際して一番よく用いられるのは，何と言っても電位差測定でしょう．つまり起電力とギブスエネルギーとは密接につながっているのです．

　さて，このギブスエネルギーの変化分を外部に取り出す装置（といってはヘンですが，考え方によっては逆方向の電位差を掛けることで反応を停めることを可能とする装置でもあります）が，「電池」にほかなりません（図13）．このときの起電力を表す式を導いたのが大物理化学者のネルンストでした．ネルンストの

付　録

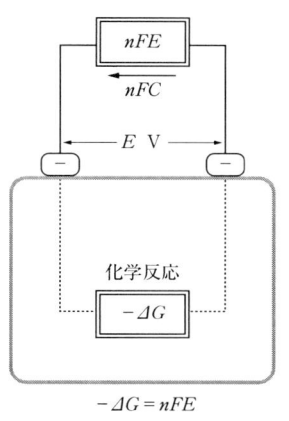

[図: 電池の概念図。上部に nFE と nFC の矢印、E V の表示、下部に「化学反応」枠内に $-\Delta G$、全体下に $-\Delta G = nFE$]

図13　「電池」の概念

式は下のように表せます．起電力 E は次のようになります．

$$E = E_0 + \frac{RT}{nF} \ln \frac{[\text{ox}]}{[\text{red}]}$$

ここで，R：気体定数（$8.314 \, \text{J K}^{-1}\text{mol}^{-1}$）
　　　　T：絶対温度
　　　　n：酸化還元反応にて授受される電子数
　　　　F：ファラデー定数（電子1モルの電気量，およそ 9.65×10^4 クーロン）
　　　　[ox]：特定の物質の酸化形の活量
　　　　[red]：特定の物質の還元形の活量

これを常用対数で表現すると

$$E = E_0 + 2.303 \frac{RT}{nF} \log \frac{[\text{ox}]}{[\text{red}]}$$

となります．もちろん起電力は電位差の形でしか測定できませんので，標準水素電極と比較した値として記録することになります．ここで $n=1$ としたときの比例係数 $2.303(RT/F)$ のことをネルンスト勾配と呼ぶこともあります．通常の実験条件である $298.15 \, \text{K}$（25℃）では $59.16 \, \text{mV}$ にあたります．

●化学平衡定数と熱力学

前ページまでのところでふれたギブスエネルギーは，温度や圧力などのほかに成分物質の活量濃度によっても変化します．物質1 mol あたりのギブスエネルギーのことをよく「化学ポテンシャル」とよび，記号 μ で表します．混合物の全粒子数のうち，ある物質（成分）A の粒子数（最近の定義だと「物質量」というべきなのかもしれませんが）の割合を a_A で表し，これを A の活量といいます．これはすなわち A のモル分率にあたります．これをつかうと，混合物中の A の化学ポテンシャルは

$$\mu_A = \mu_A^0 + RT \ln a_A$$

との形となります．

活量（activity）は，溶媒は通常溶質に比べて大過剰に存在しますから，内部での平衡を論じる場合には変化を無視します．つまりそのモル分率は1と置いて構わないのです．また溶液と平衡にある固体も，変化分が小さいためにやはり活量は1と見なします．

溶液の場合，理想的な溶液（希薄溶液などであれば，溶質のモル濃度と活量は比例しますので，通常はモル濃度を代わりに用います．もっとも起電力測定などで求められるのは濃度そのものではなく活量濃度なので，よく「熱力学的濃度」などと言われます．気体の場合には分圧を濃度のかわりに使うこととなります．

いま次のような平衡が成り立っている系を考えます．

$$aA + bB = pP + qQ$$

この式を移項すると

$$0 = pP + qQ - aA - bB$$

の形となります．それぞれの成分について化学ポテンシャルで表現してみると

$$p\mu_P + q\mu_Q - (a\mu_A + b\mu_B) = 0$$

$$p\mu_P^0 + pRT \ln a_P + q\mu_Q^0 + qRT \ln a_Q - (a\mu_A^0 + aRT \ln a_A + b\mu_B^0 + bRT \ln a_B) = 0$$

まとめると

$$(pRT \ln a_P + qRT \ln a_Q) - (aRT \ln a_A + bRT \ln a_B) = (p\mu_P^0 + q\mu_Q^0) - (a\mu_A^0 + b\mu_B^0)$$

この右辺はこの反応におけるギブスエネルギー変化を表しているので

$$RT \ln\left(\frac{a_P^p a_Q^q}{a_A^a a_B^b}\right) = \Delta G^0$$

のようになります．左辺の括弧の中はよく「濃度商」（concentration quotient）などと呼ばれます．両辺を RT で割ると

$$\ln\left(\frac{a_P^p a_Q^q}{a_A^a a_B^b}\right) = \frac{\Delta G^0}{RT}$$

のように変形可能です．化学平衡が成立すると，ギブスエネルギーのそれぞれの成分の活量濃度による変化がゼロとなるわけで，この時の濃度商が平衡定数と呼ばれる条件定数になります．つまり平衡定数とギブスエネルギーとがこれで密接な関係があることが示されたことになるのです．

●簡単な対数計算の実例

　アメリカの初等教育の数学では，加減算ばかりを重点的に教えて，乗除算は難しいので「上級数学」扱いにしてちょっとだけしかやらないというシステムを採用している学校が少なくないのだそうです．「九九」のような便利な手法もあまり使われていないらしいのですが，これじゃ二桁の掛け算を暗算でさっさとやってのけるインドの秀才各位なんかにはとても敵いっこなさそうです．

　でも掛け算や割り算がそんなに難しいのであれば，加減算に直してしまえばずっと楽になるでしょう．このために考案されたのが「対数」なのです．考案者はスコットランドのネーピア（J. Napier, 1550-1617）でしたが，かれが最初に作った対数はすべての正の数を「e」の何乗というかたちであらわし，この「何乗」に当たる数（指数）を対数と呼びました．これは今日でも使われる「自然対数」で，記号を「$\log_e$」または「ln」で記します．この「e」のことをネーピア数と呼ぶこともありますが，自然対数の「底」といいます．ネーピア数は次のような無限級数の総和です．

$$e = \sum_{n=1}^{\infty}\left(1 + \frac{1}{n!}\right)$$

自然対数は英語では「natural logarithm」または「napierian logarithm」のように表現します．数学の先生以外は通常「ln」を使うようで，函数（関数）電卓のキイもこちらになっています．その後ケンブリッジ大学の数学者ブリッグズ（H. Briggs, 1556-1631）が，底を10とする対数を導入し，こちらの方が広く普及しました．こちらは常用対数（common logarithm）といいます．通常の対数計算

にはこちらが用いられます．以前のテキスト類には見返しなどに4桁の対数表が必ず印刷してあったものです．当時の工学部の学生さんたちにとっては6桁や7桁の対数表（かなり分厚い冊子）が必需品でした．

対数に対して元の数を「真数」といいます．対数の小数点より前の数字は指標（character），小数点のあとの数字は仮数（mantissa）と言います．

実際の計算の例を示してみましょう．前に出てきたネルンスト勾配 $2.303 \log (RT/nF)$ を求めてみることにします．対数計算では掛け算は対数の和，割り算は対数の差となるので，次のようになるはずです．よく使われる実験条件では25℃（298.15K）1気圧，電子数（n）は1なので，気体定数 $R=8.3145$ (Jmol/K)，ファラデー定数 $F=9.6485×10^4$ (coulomb/mol) を使うと

$$\log(RT/nF) = \log R + \log T - \log n - \log F$$
$$= \log(8.3145) + \log(298.15) - \log(1) - \log(9.6485 \times 10^4)$$
$$= 0.198 + 2.4744 - 0 - 4.9845$$
$$= -1.5903$$

したがって RT/nF の値は

$$10^{-1.5903} = 2.568 \times 10^{-2}$$

と求められます．これを2.303倍（これは常用対数を自然対数に変換するときに必要となる係数（つまり $\log_e 10$）すれば，ネルンスト勾配，つまり活量濃度比が一桁違ったときの起電力の差が求められます．これは簡単な掛け算ですからそのまま電卓で行うと

$$2.303 \times 2.568 \times 10^{-2} = 0.05914 \text{ (V)}$$

となります．（最後の桁は数値の丸めの影響がありますので，ちょっとズレていますが，もう一桁とると．多くのテキスト類にある 0.05916 (V) となります．以前ならばもっぱら四桁の対数表を使ってこのような値を求めていましたから，四桁目には多少の揺らぎ（誤差）があることは当然の了解事項でした．

今の場合はたった4種類の数値の乗除算でしたから，通常の電卓計算でも簡単に求められる種類のものですが，前記のような複雑な濃度商を含む化学平衡定数の計算などの際には，この対数計算の御利益がモロに現れます．多数の冪乗の含まれる場合の計算などには，対数計算は至極便利なのです．数の冪乗の対数は，

もとの対数に単純に冪乗数をかければよいのですし，冪乗根は対数を冪乗数で割り，再び真数にもどせばよいのです．たとえば水分子のおよその半径を求める場合などが好例なのですが，これの実際例については前著「溶液と濃度 30 講」の 160 ページなどをご参照下さればよろしいでしょう．

巻末資料

●標準電極電位の表

標準電極電位 E^0（25℃，pH＝0 の水溶液中，標準水素電極基準）
E^0 の大半は，物質の標準モル生成ギブズエネルギー $\Delta_f G^0$ をもとにした計算値．

電子授受平衡		$E°$ (V vs. SHE)	電子授受平衡		$E°$ (V vs. SHE)
$Li^+ + e^-$	$= Li$	-3.045	$Sn^{4+} + 2e^-$	$= Sn^{2+}$	$+0.15$
$K^+ + e^-$	$= K$	-2.925	$Cu^{2+} + e^-$	$= Cu^+$	$+0.159$
$Rb^+ + e^-$	$= Rb$	-2.924	$S + 2H^+ + 2e^-$	$= H_2S$	$+0.174$
$Ba^{2+} + 2e^-$	$= Ba$	-2.92	$CO_3^{2-} + 6H^+ + 4e^-$	$= HCHO + 2H_2O$	$+0.197$
$Sr^{2+} + 2e^-$	$= Sr$	-2.89	$AgCl + e^-$	$= Ag + Cl^-$	$+0.222$
$Ca^{2+} + 2e^-$	$= Ca$	-2.84	$Hg_2Cl_2 + 2e^-$	$= 2Hg + 2Cl^-$	$+0.268$
$Na^+ + e^-$	$= Na$	-2.714	$Cu^{2+} + 2e^-$	$= Cu$	$+0.337$
$Mg^{2+} + 2e^-$	$= Mg$	-2.356	$Fe(CN)_6^{3-} + e^-$	$= Fe(CN)_6^{4-}$	$+0.361$
$Be^{2+} + 2e^-$	$= Be$	-1.97	$Cu^+ + e^-$	$= Cu$	$+0.520$
$Al^{3+} + 3e^-$	$= Al$	-1.676	$O_2 + 2H^+ + 2e^-$	$= H_2O_2$	$+0.695$
$U^{3+} + 3e^-$	$= U$	-1.66	$Fe^{3+} + e^-$	$= Fe^{2+}$	$+0.771$
$Ti^{2+} + 2e^-$	$= Ti$	-1.63	$Hg_2^{2+} + 2e^-$	$= 2Hg$	$+0.796$
$Zr^{4+} + 4e^-$	$= Zr$	-1.55	$Ag^+ + e^-$	$= Ag$	$+0.799$
$Mn^{2+} + 2e^-$	$= Mn$	-1.18	$NO_3^- + 2H^+ + 2e^-$	$= NO_2^- + H_2O$	$+0.835$
$Zn^{2+} + 2e^-$	$= Zn$	-0.763	$Hg^{2+} + 2e^-$	$= Hg$	$+0.85$
$Cr^{3+} + 3e^-$	$= Cr$	-0.74	$Pd^{2+} + 2e^-$	$= Pd$	$+0.915$
$Ag_2S + 2e^-$	$= 2Ag + S^{2-}$	-0.691	$NO_3^- + 4H^+ + 3e^-$	$= NO + 2H_2O$	$+0.957$
$S + 2e^-$	$= S^{2-}$	-0.447	$Br_2 + 2e^-$	$= 2Br^-$	$+1.065$
$Fe^{2+} + 2e^-$	$= Fe$	-0.44	$Pt^{2+} + 2e^-$	$= Pt$	$+1.188$
$Cr^{3+} + e^-$	$= Cr^{2+}$	-0.424	$O_2 + 4H^+ + 4e^-$	$= 2H_2O$	$+1.229$
$Cd^{2+} + 2e^-$	$= Cd$	-0.403	$MnO_2 + 4H^+ + 2e^-$	$= Mn^{2+} + 2H_2O$	$+1.23$
$PbSO_4 + 2e^-$	$= Pb + SO_4^{2-}$	-0.351	$Cl_2 + 2e^-$	$= 2Cl^-$	$+1.358$
$O_2 + e^-$	$= O_2^-$	-0.284	$Cr_2O_7^{2-} + 14H^+ 6e^-$	$= 2Cr^{3+} + 7H_2O$	$+1.36$
$Co^{2+} + 2e^-$	$= Co$	-0.277	$MnO_4^- + 8H^+ + 5e^-$	$= Mn^{2+} + 4H_2O$	$+1.51$
$PbCl_2 + 2e^-$	$= Pb + 2Cl^-$	-0.268	$Mn^{3+} + e^-$	$= Mn^{2+}$	$+1.51$
$Ni^{2+} + 2e^-$	$= Ni$	-0.257	$Au^{3+} + 3e^-$	$= Au$	$+1.52$
$V^{3+} + e^-$	$= V^{2+}$	-0.255	$HClO + 2H^+ + 2e^-$	$= Cl_2 + 2H_2O$	$+1.630$
$Mo^{3+} + 3e^-$	$= Mo$	-0.2	$PbO_2 + SO_4^{2-} + 4H^+ + 2e^-$	$= PbSO_4 + 2H_2O$	$+1.698$
$CO_2 + 2H^+ + 2e^-$	$= HCOOH$	-0.199			
$CuI + e^-$	$= Cu + I^-$	-0.182	$Ce^{4+} + e^-$	$= Ce^{3+}$	$+1.71$
$AgI + e^-$	$= Ag + I^-$	-0.152	$H_2O_2 + 2H^+ + 2e^-$	$= 2H_2O$	$+1.763$
$Sn^{2+} + 2e^-$	$= Sn$	-0.138	$Au^+ + e^-$	$= Au$	$+1.83$
$Pb^{2+} + 2e^-$	$= Pb$	-0.126	$S_2O_8^{2-} + 2e^-$	$= 2SO_4^{2-}$	$+1.96$
$2H^+ + 2e^-$	$= H_2$	(基準) 0.000	$O_3 + 2H^+ + 2e^-$	$= O_2 + H_2O$	$+2.705$
$AgBr + e^-$	$= Ag + Br^-$	$+0.071$	$F_2 + 2e^-$	$= 2F^-$	$+2.87$
$CuCl + e^-$	$= Cu + Cl^-$	$+0.121$			

●指示薬のリスト

　酸化還元指示薬には，変色電位が pH に依存するものと変化しないものとがあります．このうち pH によって変化するものは，pH が1だけ大きくなるにつれて変色電位は 0.059 V 低下することになります．もっともアルカリ性条件でまた別の酸塩基解離のためにこれからずれてくるものもあります．

変色の酸化還元電位が pH に依存しない指示薬

指示薬名	変色電位	酸化側の色	還元側の色
トリス (2,2'-ビピリジン) ルテニウム(II)錯体	+1.33 V	無色	黄色
ニトロフェロイン	+1.25 V	青色	赤色
N-フェニルアントラニル酸	+1.08 V	紫赤色	無色
フェロイン，トリス (1,10-フェナントロリン) 鉄(II)錯体	+1.06 V	青色	赤色
N-エトキシクリソイジン	+1.00 V	赤色	黄色
トリス (2,2'-ビピリジン) 鉄(II)錯体	+0.97 V	青色	赤色
バソフェロイン，5,6-ジメチル-1,10-フェナントロリン鉄(II)錯体	+0.97 V	黄緑色	赤色
o-ジアニシジン	+0.85 V	赤色	無色
ジフェニルアミンスルホン酸ナトリウム	+0.84 V	赤紫色	無色
ジフェニルベンジジン	+0.76 V	紫色	無色
ジフェニルアミン	+0.76 V	紫色	無色
ビオローゲン	−0.43 V	無色	青色

変色酸化還元電位が pH によって変化する指示薬

指示薬名	変色電位 pH=0	変色電位 pH=7	酸化側の色	還元側の色
2,6-ジクロロフェノールインドフェノールナトリウム塩	+0.64 V	+0.22 V	青色	無色
チオニン	+0.56 V	+0.14 V	紫色	無色
メチレンブルー	+0.53 V	+0.11 V	青色	無色
インジゴカーミン (インジゴジスルホン酸)	+0.29 V	−0.13 V	青色	無色
フェノサフラニン	+0.28 V	−0.25 V	赤色	無色
サフラニン T	+0.24 V	−0.29 V	赤紫色	無色
ニュートラルレッド	+0.24 V	−0.33 V	赤色	無色

索　引

ア　行

藍甕　81
始良カルデラ　135
アスコルビン酸　40, 111
圧力変動吸着法　128
亜二チオン酸ナトリウム　39
アノード　45
洗い粉　111
新井白石　116
亜硫酸塩　38
亜硫酸ガス　38
亜硫酸水　38
アルデヒド　91
アルビノ　113
アルマイト　77
アンモニア過水　31
アンリ・サント＝クレール＝ドヴィーユ　73

イオン化傾向列　15, 44
イオン積　48
市川　勝　96
一重項酸素　131
医薬品　103
医薬部外品　103
陰イオン　13
陰極　45
インク消し　80
インジゴカーミン　66

ウォード　124
ヴォルタ　43
　　──の電堆　43, 67
ヴォルタ列　15, 19, 44
ウォルフ-キッシュナー還元　94

鶯の糞　110
『蠢く触手』　33
宇田川榕庵　3
宇宙ステーション　69
「宇宙戦艦ヤマト」　77

江戸川乱歩　33
エプスワース図　52, 55
エポキシド生成　86
エリンガムダイアグラム　59, 140
エルブス過硫酸酸化　88
塩橋　67
塩酸過水　31
遠紫外線　109
塩鉄論　46
塩類沙漠　6, 7

王水　16
黄銅鉱　54
大村幸弘　3
オキシダント　132
オキシドール　31
オキシフル　31
オゾン　33
オゾン酸化　89
オッペナウアー酸化　90, 94
オパーリン　119

カ　行

海酸　12
過一硫酸　128
『海底二万リーグ』　41
解糖過程　99
化学進化説　119

化学反応式　24
化学平衡定数　142
化学方程式　24
化学ポテンシャル　142
化学量論　25
過酸　86, 88
過酸化水素　31, 110, 131
過酸化水素水　111
過酸化ナトリウム　16
『過酸化マンガン水の夢』　32
過水　31
仮数　144
カソード　45
過炭酸塩　17, 32
香月　勗　86
活性酸素　131
活量　142
過電圧　68
カニッツァロ反応　53
過ホウ酸塩　17, 32
過マンガン酸カリウム　32
過マンガン酸滴定　17
過満剰　32
かめのぞき　82
ガルヴァーニ　43
カルキ　30
カルクス　4, 11
過レニウム酸塩　88
河口慧海　125
環境ホルモン　131
還元剤　13
還元性気体　23
還丹　2

希ガスの化合物　28
貴金属　45

犠牲防食 46
キッチンハイター 30,35
ギブスエネルギー 138
『逆説・化学物質』 95
『恐竜はなぜ鳥に進化したのか』 124
強力さらし粉 30
銀-塩化銀電極 50
銀鏡反応 91
金属灰 4,11
金属カリウム 12,70
金属ナトリウム 12,41,70,73,74
金属リチウム 74
銀電量計 71
キンヒドロン 63

苦土 11
国木田独歩 33
クリーゲー酸化 87
グルコース 40,99
久留米絣 111
クレメンゼン還元 93
黒鉱 135,136
黒田和夫 126
クロム酸混液 34
クロールカルキ 30
クロロクロム酸ピリジニウム 87

ケミカルカイロ 9
ケラチン 40
嫌気性菌 114
嫌気性微生物の培養 62
元質 2

汞 2
高圧酸素ベッド 10
硬化 92
抗菌 103
航空機の酸素マスク 69
交通信号フラスコ 66
高度漂白粉 30

高麗青磁 23
呼吸作用 84
黒銅鉱 54
コッホの仮説 105
コリンズ酸化 87
コールドパーマ 34,111
今古奇観 82
紺屋高尾 82
紺屋の白袴 81

サ 行

殺菌 103
殺菌能力 33
サツマハオリムシ 135
沙漠 6
サバティエ 92
サレット酸化 87
酸化還元滴定 62
酸化還元滴定法 17
酸化還元電位計 62
酸化剤 13
酸化数の決め方 20
酸化性気体 23
酸化防止剤 38
三重項酸素 131
参照電極 50
酸性化対策 6
酸性紙 7
酸素 3
酸素化 8
酸素漂白 128
酸素マスク（航空機の） 69
サンタン 109
サンバーン 109

次亜塩素酸塩 17
シアノバクテリア 122
史 一安 86
ジェイコブセン-香月エポキシ化 86
史エポキシ化 86
シェーレ 3,4,11
ジオキシゲニル陽イオン 28

紫外線 108
——による滅菌処置 108
ジクロロイソシアヌール酸ナトリウム 30
四酢酸鉛 87
指示薬 147
始生代 122
自然対数 143
——の底 143
ジャヴェル水 35
シャープレス-香月反応 86
ジュウェット 75
重クロム酸滴定 17
臭素酸カリウム 111
重土 11
状態量 138
消毒 103
常用対数 143
昭和基地 97
女王水 16
除菌 103
ジョーンズ還元器 17
ジョーンズ酸化 87
シリコンウエハ 31
辰砂釉 23
真数 144
振動反応 35

水銀灰 4
水素エネルギー利用 96
水素発電システム 97
水素ボンベ 129
ステンレス鋼 78
ストック方式 21
スノーボールアース 122
スワン酸化 88

青花 23
正極 45
静菌 103
青磁 23
西洋紙 7
赤降汞 4

索 引

赤色硫化水銀 2
赤銅鉱 54
ゼンメルワイス 105

桑弘羊 46
ゾーベル液 63
染付磁器 23

タ 行

太古代 122
代謝 12
対数 143
帯電列 44
太陽灯 109
踏鞴炉 127
脱酸剤 9
脱酸素剤 9,37
脱燃素海酸 12
谷崎潤一郎 32
玉鋼 127
丹 2
炭素のリサイクル 97

チオグリコール酸塩 40,111
チオ硫酸ナトリウム 18,38
地球温暖化論者 124
中性紙 7
チューブワーム 135
超臨界水 134

デーヴィー 12,70
デス-マーチン酸化 90
手染め染料 39
鉄鋼製造 127
鉄の還元 2
鉄明礬石 121
電位-pH 55
電解コンデンサー 78
電解精錬法 75
電荷移動錯体 64
電気化学当量 70
電気ピンセット 43
電気分解の法則 70

天然原子炉 126

徳富蘆花 33
都市鉱山 136
土法高炉 127
トランス脂肪酸類 95
トリカルボン酸サイクル 99
トリクロロイソシアヌール酸 30
土類 11
ドルノ線 109

ナ 行

南部鉄器 25

二酸化硫黄 38
二酸化塩素 128
日光浴 108

熱水鉱床 134
熱水の噴出孔 134
熱力学的濃度 142
ネーピア 143
ネルンスト勾配 50
ネルンストの式 56
燃焼 1
燃素 4

濃度商 143

ハ 行

バイオスフェア2 116
バイオマス 114
敗血症 106
肺呼吸 29
ハイドロサルファイト 39
ハイポ 38
バイヤー-ヴィリガー酸化 88
ハオリムシ 135
ハーシェル 39
バーチ還元 93
パールボンベ 17
半電池 67

礬土 11

卑金属 45
妃水 16
ビタミンC 40
ヒッタイトの製鉄 2
ヒドロペルオキシド 86
日焼けサロン 109
病原菌 106
標準酸化還元電位 48,53
標準水素電極 49
標準電極電位 48,50,146
漂白粉 30

ファラデー定数 49,71
ブーヴォー-ブラン還元 93
フェーリング反応 40
不活性気体 37
負極 45
不均化反応 53
不銹鋼 78
腐蝕(腐食) 57
不錆鋼 78
ブックキーパー法 8
不働態(不動態) 77
不働態化 77
ブラックチムニー 134
フランクリン 13,67
プリゴジーヌ 102
プリーストリー 3,4,10,35
プリント配線 15
プールベイ図 55
ブレンステッドの定義 13
フローエネルギー 138
フロギストン 4
フロストダイアグラム 52,53,55
プロトン 13
分解試薬 16
噴出孔(熱水の) 134

ペッテンコーフェル 106

ペーパークロマトグラフィー 119
ヘモグロビン 29
——の酸素化 8
ペルオキシダーゼ 132
ベロウソフ-ジャボチンスキー
　反応 35,65,101
ヘンレ-コッホの原則 105

飽和甘汞電極 50
保健紫外線 109
『不如帰』 33
ポビドンヨード 33
ポーラログラフィー 69
ホール-エルー法 75
ホワイトチムニー 135

マ　行

マジックボトル 40,65
マーズ・エクプロレーション・
　ローヴァー 121
マンガンノデュール 60

無水クロム酸 87

冥王代 118
メスバウアー分光計 121
メタクロロ過安息香酸 88
メタン発生バクテリア 114
メチレンブルー 66
滅菌 103
滅菌処置（紫外線による） 108

メールワイン-ポンドルフ還元 94
メンデレエフ 72

ヤ　行

有機ハイドライド 96
ユーエンス-バセット方式 21
ユゼ黒砂糖洗粉 112
ユーリー-ミラーの実験 118

陽イオン 13
陽極 45
陽極酸化処理 78
陽極泥 75
ヨウ素滴定 18
吉行あぐり 111
ヨードチンキ 33

ラ　行

ライト液 63
ラヴォアジェ 3,84
ラティマー 55
ラティマー図 51
藍藻 122,126

リスター 106
リービッヒ 91
硫酸タキ 77
硫硝酸混液 16
緑礬 39
リンツ-ドネヴィッツ法 128

ルゴール（氏）液 33
レイ酸化 88
煉丹術 2

六フッ化白金 27
ローゼンムント還元 92
六価クロム 39
ローム層 115

ワ　行

和鋼 127
ワット 35

欧　文

ATP 99

B-Z 反応 35,65,101

CODATA 71

N-メチルモルホリン N-オキシド 88
NMO 88

PCC 酸化 87
PSA 法 128

SOD 132

TCA サイクル 99

著者略歴

山崎 昶（やまさき あきら）

1937 年　関東州大連市に生まれる
1960 年　東京大学理学部化学科卒業
1965 年　東京大学大学院理学系研究科博士課程修了　理学博士
　　　　 東京大学理学部助手，電気通信大学助教授を経て
2003 年まで日本赤十字看護大学教授

やさしい化学 30 講シリーズ 2
酸化と還元 30 講　　　　　　　　　　　　定価はカバーに表示

2012 年 8 月 25 日　初版第 1 刷
2019 年 1 月 25 日　　　第 3 刷

著　者　山　崎　　　昶
発行者　朝　倉　誠　造
発行所　株式会社　朝　倉　書　店
　　　　東京都新宿区新小川町 6-29
　　　　郵便番号　　162-8707
　　　　電　話　03（3260）0141
　　　　FAX　03（3260）0180
　　　　http://www.asakura.co.jp

〈検印省略〉

Ⓒ 2012〈無断複写・転載を禁ず〉　　　真興社・渡辺製本

ISBN 978-4-254-14672-1　C 3343　　　Printed in Japan

JCOPY ＜出版者著作権管理機構 委託出版物＞

本書の無断複写は著作権法上での例外を除き禁じられています。複写される場合は、
そのつど事前に、出版者著作権管理機構（電話 03-5244-5088, FAX 03-5244-5089,
e-mail: info@jcopy.or.jp）の許諾を得てください。

好評の事典・辞典・ハンドブック

物理データ事典	日本物理学会 編	B5判 600頁
現代物理学ハンドブック	鈴木増雄ほか 訳	A5判 448頁
物理学大事典	鈴木増雄ほか 編	B5判 896頁
統計物理学ハンドブック	鈴木増雄ほか 訳	A5判 608頁
素粒子物理学ハンドブック	山田作衛ほか 編	A5判 688頁
超伝導ハンドブック	福山秀敏ほか 編	A5判 328頁
化学測定の事典	梅澤喜夫 編	A5判 352頁
炭素の事典	伊与田正彦ほか 編	A5判 660頁
元素大百科事典	渡辺 正 監訳	B5判 712頁
ガラスの百科事典	作花済夫ほか 編	A5判 696頁
セラミックスの事典	山村 博ほか 監修	A5判 496頁
高分子分析ハンドブック	高分子分析研究懇談会 編	B5判 1268頁
エネルギーの事典	日本エネルギー学会 編	B5判 768頁
モータの事典	曽根 悟ほか 編	B5判 520頁
電子物性・材料の事典	森泉豊栄ほか 編	A5判 696頁
電子材料ハンドブック	木村忠正ほか 編	B5判 1012頁
計算力学ハンドブック	矢川元基ほか 編	B5判 680頁
コンクリート工学ハンドブック	小柳 洽ほか 編	B5判 1536頁
測量工学ハンドブック	村井俊治 編	B5判 544頁
建築設備ハンドブック	紀谷文樹ほか 編	B5判 948頁
建築大百科事典	長澤 泰ほか 編	B5判 720頁

価格・概要等は小社ホームページをご覧ください．